絶対数学原論

黒川信重 著

Elements

of

Absolute Mathematics

現代数学社

はじめに

　絶対数学は，リーマン予想の解決を目指して，21世紀になって本格的に研究されるようになった新数学です．本書は絶対数学をはじめから解説します．絶対数学という言葉が耳慣れないのは，きっと，研究開始から間もないせいでしょう．絶対数学が通常の数学と違うのは「一元体」という，もっとも単純なところから数学を見るという点です．

　数学の基本は数です．これまでの数学は，整数からはじまって，有理数，実数，複素数という風に，だんだんと扱う数を拡大することによって発展してきました．別方向には，整数，有理数，p進数（pは素数）という流れも大きくなっています．その結果，現代数学は，整数論・代数幾何学・複素関数論・解析学など，広範囲にわたって多方面に華やかな成果を挙げています．そのおおもとを訪ねると，すべては整数から始まっています．

　それでも，数学最大の難問と言われるリーマン予想には，なかなか到達できないのが現代数学の現状です．何かが足りないのです．そこを突破するために，まったく新しく考え出されたのが，根本の一元体から始める絶対数学なのです．

　本書を見ていただくとわかります通り，基本は $1 \times 1 = 1$ ということだけです．とてもやさしい計算からはじまっています．このように，現代数学を絶対数学から反省して見ますと，今まで未知だった大きな数学領域が見えて来ます．とくに，絶対数学からゼータ関数論を考え直して得られた「絶対ゼータ関数論」があります．これは，リーマン予想に至る良い道です．同時に，絶対ゼータ関数の背景にある「絶対保型形式論」にも至ります．保型形式論もゼータ関数論もフェルマー予想の解決に必須だったことは有名でしょう．

　数学は数千年の長い歴史を持っていて最古の学問と言われていますが，日々進化しています．本書では，絶対線形代数と暗号の関係など，日常生活で気付かずに使っていることも扱っています．

今から 2300 年ほど昔のギリシャ時代に，ユークリッドは『数学原論』を書き上げました．ピタゴラス学派を中心とする数学研究の成果をもとに，アレクサンドリア図書館に蓄えられた膨大な資料を駆使してまとめたものです．素数が無限個存在することの証明などもギリシャ時代のまま記録されています．驚いたことに，西洋では，聖書に次ぐベストセラーになったと伝わっています．

　現代数学を見ると，一家に一冊『絶対数学原論』と言われる日も，近いことでしょう．未来に先駆けて本書を読んでください．

　　　　　　　　　2016 年 7 月 14 日　リーマン予想の日に

　　　　　　　　　　　　　　　　　　　　　　　　黒川信重

目　次

はじめに i

Chapter 1　絶対数学に至る道 1
1.1　リーマン予想 2
1.2　リーマン予想の研究 4
1.3　ゼータ関数の三段階 5
1.4　合同ゼータ関数とセルバーグゼータ関数 8
1.5　原論における歴史記述 9
1.6　深リーマン予想 11
1.7　絶対数学のはじまり 12

Chapter 2　一元体 15
2.1　有限体：ガロアの発見 15
2.2　合同ゼータ関数：コルンブルムの発見 17
2.3　合同ゼータ関数の計算 20
2.4　コルンブルムの算術級数素多項式定理 26
2.5　一般の合同ゼータ関数のリーマン予想 27
2.6　一元体の手がかり 29

Chapter 3　和のない世界 31
3.1　和なしの世界 31
3.2　一元体と絶対代数 33
3.3　零元の扱いについての注意 35
3.4　環から絶対代数へ 36
3.5　絶対ベクトル空間 37
3.6　絶対合同代数 39
3.7　N元体 40

Chapter 4 絶対体 ... 45

- 4.1 絶対体 ... 45
- 4.2 絶対ゼータ関数 ... 46
- 4.3 絶対体の絶対ゼータ関数：ローラン代数 ... 48
- 4.4 一元体の絶対ゼータ関数 ... 53
- 4.5 多項式代数の場合 ... 54
- 4.6 ローラン代数の絶対テンソル積 ... 56
- 4.7 ディリクレ級数型のゼータ関数 ... 57

Chapter 5 絶対ゼータ関数論 ... 61

- 5.1 絶対ゼータ関数論の 21 世紀における歴史 ... 61
- 5.2 絶対ゼータ関数の関数族 ... 67
- 5.3 部分族 $\mathbb{K}_0$ ... 69
- 5.4 特別な場合 ... 73

Chapter 6 絶対線形代数 ... 77

- 6.1 線形代数 ... 77
- 6.2 グラスマン多様体 ... 80
- 6.3 絶対次元公式 ... 81
- 6.4 絶対線形写像 ... 82
- 6.5 絶対ベクトルと絶対行列：$\mathbb{F}_1$ 成分 ... 83
- 6.6 絶対線形代数 ... 85
- 6.7 絶対線形代数と入試問題 ... 88

Chapter 7 絶対極限公式 ... 91

- 7.1 オイラーの極限公式 ... 91
- 7.2 クロネッカーの極限公式 ... 92
- 7.3 レルヒの極限公式 ... 93
- 7.4 絶対極限公式 ... 96

7.5 係数変換 ———————————————————————— 99

Chapter 8　絶対自己同型と暗号 ———————————— 109

8.1 絶対代数 ———————————————————————— 109

8.2 絶対合同代数 ————————————————————— 111

8.3 暗号 —————————————————————————— 113

8.4 絶対合同代数と暗号 ————————————————— 114

8.5 素因数分解の難しさ ————————————————— 117

Chapter 9　絶対導分 ———————————————————— 125

9.1 導分 —————————————————————————— 125

9.2 導分と自己同型 ———————————————————— 130

9.3 導分核 ————————————————————————— 133

9.4 絶対導分 ———————————————————————— 135

Chapter 10　絶対・三角・ゼータ ————————————— 143

10.1 リーマンの夢 ———————————————————— 143

10.2 絶対ゼータ関数の定式化 —————————————— 146

10.3 多重三角関数 ———————————————————— 149

10.4 定理 10.1 の証明 —————————————————— 154

Chapter 11　絶対オイラー積 ——————————————— 159

11.1 オイラー積の歴史 —————————————————— 159

11.2 絶対ゼータ関数 ——————————————————— 167

11.3 絶対オイラー積に向けて —————————————— 168

11.4 絶対オイラー積の定式化 —————————————— 171

11.5 花束のゼータ関数 —————————————————— 172

Chapter 12　絶対保型形式 ———————————————— 175

12.1 保型形式とゼータ関数 ——————————————— 175

12.2	絶対保型形式と絶対ゼータ関数	180
12.3	絶対保型形式に対する6種の操作	182
12.4	表現の絶対ゼータ関数	187
12.5	絶対ラングランズ対応	190

あとがき …… 192

索引 …… 194

CHAPTER 1
絶対数学に至る道

はじめに

　本書の目的は，『絶対数学原論』というテーマに関して，現在考えられるいくつかの側面を報告したい，というものです．五里霧中における歩き方の物語です．

　絶対数学は，20世紀末から研究がはじまり（著者は創始者の一人に数えられています），21世紀に入って研究が本格化した数学です．もともとは，通常の整数環の仮想的な係数体である"一元体F1"を基にした数学で，リーマン予想の解決を目指して研究されてきています．現在では，多方面への応用も期待されるようになっています．絶対数学は，数学の一分野というよりは，新観点からの新たな数学とみるのが妥当です．

　一歩踏み込んで述べますと，通常の数学は『天と地の間の数学』なのに対して，絶対数学は『底』という根底を加えて考察する『天と地と底の間の数学』です．絶対数学とは『一元体』という『底』から見る数学なのです．この点は，月刊誌『現代数学』において2013年4月号〜2014年3月号に連載した「ゼータから見た現代数学」に最後の第13章「ゼータの旅立ち：リーマン予想の解き方」を補充して成った単行本

　　黒川信重『ゼータの冒険と進化』現代数学社, 2014年10月刊（参考文献〔1〕）

の付録「絶対数学歌」で根本を強調して置きましたので，覚えておられる読者も多いことと思います．その先の物語がテーマとなりま

す．

では，絶対数学の探検に出発しましょう．本章は，絶対数学が出て来た歴史を振り返ります．

1.1 リーマン予想

はじまりは，あの有名なリーマン予想です．悪魔に魂を売っても解きたいと言われ数学最大の未解決問題と呼ばれているものです．

リーマン予想は1859年にドイツのゲッチンゲン大学の数学者リーマンが提出した予想「リーマンゼータ関数の本質的零点の実部は1/2」というものです．「リーマンゼータ関数の本質的零点」の定義はここで触れるより，いずれ適当な機会に説明しましょう．「リーマンゼータ関数」にはオイラーが1740年代に発見していた「負の偶数」という零点があるため，「本質的零点」に制限しないとすぐに反例が出てきます．より一般のゼータ関数に使える形にするためには，リーマン予想は「ゼータ関数の零点の実部は半整数」としておくと良いのです．

リーマン予想が現れたのは，日本では幕末と呼ばれる時代です．その後150年以上経って，日本はすっかり様変わりしてしまいました．日本国の借金は

$$1000 \text{兆円} = 1000000000000000 \text{円}$$

を超しています．1の後に0が15個並ぶのは，2015年にふさわしいのかも知れません．ゼータの計算では「ゼータ銀行に1円，2円，3円，・・・とどんどん積み立てていくと，最後に十二分の一円の負債になる」つまり，

$$"1+2+3+\cdots" = -\frac{1}{12}$$

という風に，負数の計算が頻出していて，違和感を覚えるひとが多いようです．もっとも，マイナス金利となってしまった日本では，当り前の等式に見えてしまうかも知れません．ちなみに，意外にも，上の等式は物理の究極理論と言われるストリング理論（弦理論）の基礎を与えています．

日本では，巨大な負債の計算は毎日見慣れた日常茶飯事のことなので，苦にならないはずですが，不得意な人もいるかも知れませんので，ゼータ入門のため次の問題をやっておいてください．

練習問題（1.1）
（-1000 兆円）$\div$（1 億人）を計算しなさい．
〔解答〕
（-1000000000000000 円）$\div$（100000000 人）
$= -10000000$ 円／人
$= -1000$ 万円／人
なので，一人当たり 1000 万円の借金を抱えていることになる．
〔解答終〕

この負債は 2015 年現在ですが，この調子で増え続ければ 2050 年には，1 京円にもなる（すると，負債は 1 億円／人を超える）でしょう．もっとも，2014 年 12 月に上演されたように，日本の『相貌』（参考文献〔2〕）もその頃はだいぶ変わって（ちなみに，2050 年の百年前の 1950 年には「日本」は占領されていました：そのときの占領期間は 1945 年〜 1952 年で，1952 年 4 月 28 日に日本国として回復），負債は 1 元になっているかも知れません．それは，1 元からはじめる絶対数学の現実に突入です．そのような変遷は占領下で生まれた私のようなものには，遠い話ではありません．

1.2 リーマン予想の研究

リーマン予想は1859年に提出されてから150年以上未解決です。その解決の与える影響の大きさは良く知られています。素数の分布の様子が一層良く分かることになる、という基本的な性質から派生するさまざまなことです．

リーマン予想解決時を想定した物語としては

黒川信重「リーマン予想が解けて」『数学セミナー』2001年1月号33-37ページ〔黒川信重　編著『リーマン予想がわかる』日本評論社，2009年，90-94ページに再録〕（参考文献〔3〕）

を読んでください．また，最近出版の

マット・ヘイグ『今日から地球人』（訳：鈴木　恵）ハヤカワ文庫，2014年11月21日発売〔原題「The Humans（人類）」Canongate Books Ltd, 2013年刊〕（参考文献〔4〕）

にも，リーマン予想解決の与える波紋が面白く描かれています．

現実に帰ると，リーマン予想は未解決です．ただし，この150年以上，数学者が全く手をこまねいていたわけではありません．それは，ゼータ関数をたくさんの種類に拡張して，その内の2種類

(1) 合同ゼータ関数

(2) セルバーグゼータ関数

では，リーマン予想の類似物が成立することを証明したのです．それを見るために，ゼータ関数論の研究史をざっと見ておきます．

1.3 ゼータ関数の三段階

ゼータ関数の歴史に関しては，個別のゼータ関数の発展史は多少ありますが，全体としてのゼータ関数の流れについての考察は耳にすることはほとんどありません．ここでは，ゼータ関数の研究発展史を

I　オイラー積構築期　1737 〜 1986（250 年間）

II　ラングランズ予想収穫期 1987 〜 2011（25 年間）

III　超ラングランズ予想発展期 2012 〜

という三段階に区分することによって，概観しておきます．この時代区分は絶対的なものではありませんが，これからゼータ関数を学習・研究したい方々に何らかのヒントや目安を与えられれば良いのです．

（I）オイラー積構築期

オイラーが 1737 年にオイラー積を発見した時をゼータ関数論の出発と考えます．第 I 期は，それから 1986 年までの 250 年間を指しています．この期間では，ディリクレの L 関数，デデキントの代数体のゼータ関数，ラマヌジャンの保型形式のオイラー積，ハッセの L 関数，合同ゼータ関数，セルバーグゼータ関数，ガロア表現の L 関数，保型表現の L 関数，等々のありとあらゆる種々のオイラー積が構築されました．

それらのゼータ関数のいくつかを統一する予想として「ラングランズ予想」が提出されたのが 1970 年です．ラングランズ予想は，とくに，ガロア表現の L 関数と保型表現の L 関数の統合をテーマとしています．これは，アルチン L 関数・ハッセ L 関数・保型 L 関数という『3 つのゼータ関数の統一理論』と見るのがわかりやすいでし

ょう．表徴的なことは，1986 年にドイツのフライがラングランズ予想（谷山予想）を用いて，フェルマー予想の解決への新たな道を指し示していたことです．フライの革新は，フェルマー予想の反例からフライ曲線と呼ばれる楕円曲線を構成した点にあります：その楕円曲線に付随するガロア表現にラングランズ予想（谷山予想）によって対応する保型表現を考察することによって，そのような保型表現（保型形式）が存在しないことを示して，矛盾を導き，フェルマー予想の証明に至るのです．

また，合同ゼータ関数とセルバーグゼータ関数のリーマン予想の証明はこの期間に含まれています．どちらも，1970 年代までに 20 世紀の最先端の装備を使って完成しました．

この期間の概観は

黒川信重「オイラー積の 250 年」『数学セミナー』1988 年 9 月号～10 月号（参考文献〔5〕）

にあります．単行本

黒川信重『ガロア理論と表現論：ゼータ関数論への出発』日本評論社，2014 年 11 月刊（参考文献〔6〕）

の第 4 章に改訂増補版が収載されていますので参照してください．

（II）ラングランズ予想収穫期

これは，1987 年から 2011 年の 25 年間です．ワイルズはフライの提案を耳にすると，10 歳の少年時代に夢見たフェルマー予想の証明が完成できると確信し，7 年間に渡る屋根裏部屋での極秘の研究の結果，フェルマー予想の証明の完成を 1993 年 6 月のイギリスのケンブリッジ大学における研究集会において発表したのでした．論文の核心はフェルマー予想の証明に充分なだけのラングランズ予想（谷山予想）を証明することにありました．いまでは，良く知られていることですが，このときの論文には容易には埋まらない重大な誤り

があり，ワイルズの元の学生だったテイラーに援助を要請した結果，別の方法による修正が翌年秋に完成し，1995年に論文が出版される（ワイルズによる単著およびワイルズとテイラーの共著という2編）という波乱に満ちた進行となりました．

その後の15年間はテイラーの主導のもと，ラングランズ予想を部分的に証明して数論の大きな予想を証明するというプログラムが目覚ましく発展しました．その結果，21世紀に入って，佐藤テイト予想の楕円曲線版の証明（テイラー，2008年），セール予想の証明・2次元奇ガロア表現のアルチン予想の証明（カーレとヴァンテンベルジュ，2009年），佐藤テイト予想の正則保型形式版の証明（テイラー等，2011年）という画期的な成果が得られました．これらは，いずれも，正則保型形式論と数論幾何学の結合を駆使して得られています．

一方，未解決の大きな問題として，マースの波動形式のように非正則保型形式の場合にラマヌジャン予想および佐藤テイト予想を証明することが残っているのですが，既存の正則保型形式論や数論幾何学の使える見込みは全くなく，途方に暮れるというのが実状です．

(III) 超ラングランズ予想発展期

これは，2012年以降の時期です．それは，セルバーグゼータ関数をも含めて『4つのゼータ関数の統一理論』となる「超ラングランズ予想」の発展期と期待されます．その兆候は，60年間未完成だったヒルベルトモジュラー多様体のセルバーグゼータ関数論の完成（権，2012年），絶対ゼータ関数論の発展等が挙げられます．参考文献としては

黒川信重『現代三角関数論』岩波書店，2013年（参考文献〔7〕），

黒川信重『ガロア理論と表現論：ゼータ関数への出発』日本評論社，2014年（参考文献〔6〕），

黒川信重『リーマン予想の150年』岩波書店，2009年（参考文献〔8〕）

をあげておきましょう．

1.4 合同ゼータ関数とセルバーグゼータ関数

　合同ゼータ関数とセルバーグゼータ関数のリーマン予想の証明は，どちらも，行列式表示を構成することによって証明されました．
　合同ゼータ関数の行列式表示は，グロタンディーク（1928年3月28日〜2014年11月13日）による数千ページに上る膨大な作品『代数幾何学原論（EGA）』と『代数幾何学セミナー（SGA）』の成果です．具体的には1965年のSGA5において証明がなされています．それを駆使して，合同ゼータ関数のリーマン予想の証明は1974年にグロタンディークの弟子のドリーニュによって完成しました．
　グロタンディークの『代数幾何学原論』は，ユークリッド『原論』（紀元前300年）を引き継ぐ『数学原論』の系列にあります．ユークリッドの『原論』が13巻（量的には「13章」）からなっていたことにちなんで，グロタンディークの『代数幾何学原論』も13章からなるよう企図されました．しかも，その最終の第13章において合同ゼータ関数のリーマン予想の証明が完了することが目標でした．実際には，第4章までが出版され，残りの9章は未刊のままに終わってしまいました．
　いずれにしましても，グロタンディークの『代数幾何学原論』は，これまでの『数学原論』の最高峰です．それは，現代数学に多大の影響を与え，フェルマー予想の証明なども導く原動力になったのでした．なお，合同ゼータ関数のリーマン予想に対するドリーニュの

証明はグロタンディークの元方法のままではなく，有限体上のテンソル積を活用して短縮するというものでした．

セルバーグゼータ関数に対する行列式表示とリーマン予想の証明は，1950 年代前半に，セルバーグ（1917 年 6 月 14 日〜2007 年 8 月 6 日）による「セルバーグ跡公式」の構築によって同時になされました．

1.5 原論における歴史記述

ちょうど，ユークリッド『原論』とグロタンディークの『代数幾何学原論』がでてきたところですので，ここで，『原論』における歴史記述について一言しておきましょう．

数学史上の有名な『原論』としては年代順に

（1）ユークリッド『原論』紀元前 300 年

（2）ブルバキ『数学原論』1939 年から

（3）グロタンディーク『代数幾何学原論』1960 年代

という 3 つが挙げられます．「三大原論」と呼んで差し支えないでしょう．

ユークリッドの『原論』は何らかの意味の『原論』として記録が残っている最古のもので，その後の『原論』を書く際の見本になりました．それは，「基盤」（定義など）を整理し，導き出される「帰結」（定理など）を簡潔に記述しています．論理展開の練習にも有効です．

ユークリッド『原論』には，
- 直角三角形に対するピタゴラスの定理の証明
- 素数が無限個存在することの証明

- 円錐の体積が同底・同高の円柱の体積の 3 分の 1 であることの証明
- 正多面体がちょうど 5 個のみ存在することの証明

が載っていて，短時間にギリシャ数学のわかりやすい概観を得ることができます．

一方，ユークリッド『原論』の記述には決定的な欠陥があります．それは，上記の定理群のような人類にとって記憶すべき快挙に対して，誰が発見したのかという経緯に関して故意に触れないという点です．その結果，ユークリッドの『原論』はユークリッドが独自に発見した定理と証明から成っている，というような有り得ない誤解を後世に残すという状態になっています．

実際には，ユークリッドはアレクサンドリア図書館にあった膨大な教科書類（ピタゴラス学派の成果が基本的）から，『原論』をまとめ上げたのです．たとえば，円錐の体積は，ユークリッド『原論』第 12 巻・命題 10 において扱われていますが，もともとは紀元前 400 年以前にデモクリトスが発見した結果であることが，まったく触れられていません．しかも，その方法はデモクリトスの有名な原子論の考えから来ていることが書き込まれていないので，何故その発見に至ったのかが消されてしまっています．

デモクリトスは円錐を水平面によって無限小厚さ（原子一個の厚さ）の層に切り分けて体積を計算したのでした．まさに，「積分」の考え方です．この事情が伝わったのも奇蹟のようなものです．それは，1906 年にトルコのイスタンブール（コンスタンチノープル）のある僧院において，アルキメデス『方法』の写しを羊皮紙から読み取ることができたためです．アルキメデスの『方法』は紀元前 220 年頃にアレクサンドリア図書館長のエラトステネス宛てに出された手紙です．書かれたということは伝わっていましたが，内容については不明になってしまっていました．それが，書かれてから 2000 年以上経った 1906 年に発見されて，円錐の体積の計算にまつわる驚くべき事情が判明したのでした．

ユークリッド『原論』は「簡潔を旨とするために歴史記述を省略することになってしまった」ということにもなるかも知れません．しかし，数学を歴史から分離するという，とてつもなく悪い見本になっています．それは，現在まで続いている，『数学講座』など『数学』関係書における歴史記述の欠乏傾向にも，残念ながら影響しているようです．

ただし，「三大原論」として挙げたブルバキ『数学原論』には簡潔な歴史記述が付いていますので，見習うことができます．この『数学原論』は大学数学教程の数学教科書シリーズを目指して作られました（日本語訳は東京図書から出版）．現在でも，見通しの良い教科書・参考書として活躍しています．

▶ 1.6 深リーマン予想

リーマン予想はオイラー積の超収束を意味する「深リーマン予想」に深化しています．深リーマン予想からリーマン予想は導かれますし，深リーマン予想を数値計算で納得するのは容易なことです．リーマン予想を数値計算で確かめるには，無限個ある零点ごとの計算になってしまい無理なことですが，深リーマン予想は中心オイラー積の収束性一個を見れば良いので簡単です．詳しくは，深リーマン予想に関する世界最初の本

黒川信重『リーマン予想の先へ：深リーマン予想』東京図書，2013年（参考文献〔9〕）

を読んでください．なお，「深リーマン予想（Deep Riemann Hypothesis）」という名称は最近市民権を得たようで，皆さん何でもなく使ってくれてうれしい限りですが，念のために記しておきます

11

（ユークリッドの欠陥を真似ないために）と，黒川の命名です．深リーマン予想についてはやさしい解説のある

> 黒川信重『リーマン予想の探求』技術評論社，2012 年（参考文献〔10〕）

も参照してください：とくに，第6章「深リーマン予想」を．
　絶対数学はリーマン予想の解明が強い動機でしたが，今や，深リーマン予想の解決にも向かっています．

1.7　絶対数学のはじまり

　絶対数学のはじまりは，リーマン予想の類似物の証明が完成した「合同ゼータ関数」「セルバーグゼータ関数」の場合を真似ることから出発しました．歴史解説としては

> Yuri Manin "Lectures on zeta functions and motives (according to Deninger and Kurokawa)" Asterisque 228 (1995) 121-163（参考文献〔11〕）

が絶対数学の起源を辿るための必読文書です．
　黒川は合同ゼータ関数のリーマン予想の証明（ドリーニュ，1974 年）をリーマンゼータ関数などへと拡張することを考えて「黒川テンソル積」を導入しました（1980 年代）．これが，絶対数学的ゼータ関数論のはじまりです．これは，合同ゼータ関数の場合に有限体上で行っていたテンソル積構造を一元体上で行うことを目指したものです．
　絶対数学の初期のように，その全体像が不明な際には，ゼータ関数という北極星のように方角の頼りになるものから出発するしかな

いわけです．「絶対スキーム」の定義が二転三転してどうなっても，基本的「絶対ゼータ関数」「黒川テンソル積」は生き残ります．一方，廃れた「絶対スキーム」には見る人もなくなります．歴史の必然とはいえ，悲惨なものです．黒川テンソル積はセルバーグゼータ関数や絶対ゼータ関数の場合にも有効な構成原理になっています．

　もちろん，「有限体」の元の個数は

　　2, 3, 4, 5, 7, 8, 9, 11, 13, 16, 17, 19, 23, 25, 27, 29, 31, 32, 37…

という素数べきになっていますので，「2元体」，「3元体」，「4元体」，「5元体」，「7元体」，「8元体」，「9元体」，「11元体」，「13元体」，「16元体」，「17元体」，…は存在する（しかも本質的に1個のみ）ものの，元の個数が1という意味の「1元体」は存在しません．そのあたりのことは，徐々に見ていきましょう．

練習問題（1.2）

　すべてのものの「絶対版」を考えてみてください．たとえば：
リーマン予想，点，空間，体，環，圏，線形代数，次元公式，微分積分，無限小，極限，境界，特異点，収束，数，素数，多数，代数，幾何，解析，実体，虚体，類体，普遍性，関手性，オイラー標数，グラスマン多様体，リー群，リー環，ガロア理論，ラマヌジャン予想，フェルマー予想，ホッジ予想，ポアンカレ予想，概均質ベクトル空間，代数解析，代数幾何，解析幾何，三角関数，保型形式，波動形式，波動関数，相対論，量子力学，素粒子，力，量子重力理論，超弦理論，ループ量子重力理論，イジング模型，絶対零度，統一理論，大統一理論，万有理論，究極理論，宇宙，音楽，劇，時間，タイムマシン，矛盾，一元体，絶対数学・・・
の絶対版（一元体上版）
「絶対リーマン予想」「絶対点」「絶対空間」「絶対体」「絶対環」「絶対圏」「絶対線形代数」「絶対次元公式」「絶対微分積分」「絶対無限小」「絶対極限」「絶対境界」「絶対特異点」「絶対収束」「絶対数」「絶対素数」

「絶対多数」「絶対代数」「絶対幾何」「絶対解析」「絶対実体」「絶対虚体」「絶対類体」「絶対普遍性」「絶対関手性」「絶対オイラー標数」「絶対グラスマン多様体」「絶対リー群」「絶対リー環」「絶対ガロア理論」「絶対ラマヌジャン予想」「絶対フェルマー予想」「絶対ホッジ予想」「絶対ポアンカレ予想」「絶対概均質ベクトル空間」「絶対代数解析」「絶対代数幾何」「絶対解析幾何」「絶対三角関数」「絶対保型形式」「絶対波動形式」「絶対波動関数」「絶対相対論」「絶対量子力学」「絶対素粒子」「絶対力」「絶対量子重力理論」「絶対超弦理論」「絶対ループ量子重力理論」「絶対イジング模型」「絶対絶対零度」「絶対統一理論」「絶対万有理論」「絶対究極理論」「絶対宇宙」「絶対音楽」「絶対劇」「絶対時間」「絶対タイムマシン」「絶対矛盾」「絶対一元体」「絶対絶対数学」・・・

について自由に考察してください．〔解答は，この余白には書けないので，省略します．〕

参考文献

〔1〕 黒川信重『ゼータの冒険と進化』現代数学社，2014 年 10 月.
〔2〕 黒川陽子『相貌』2014 年 12 月 12 日〜21 日（青年劇場スタジオ結，新宿）上演脚本.
〔3〕 黒川信重「リーマン予想が解けて」『数学セミナー』2001 年 1 月号 33〜37 ページ〔黒川信重　編著『リーマン予想がわかる』日本評論社，2009 年，90〜94 ページに再録〕.
〔4〕 マット・ヘイグ『今日から地球人』（訳：鈴木 恵）ハヤカワ文庫，2014 年 11 月 21 日発売〔原題「The Humans（人類）」Canongate Books Ltd，2013 年刊〕.
〔5〕 黒川信重「オイラー積の 250 年」『数学セミナー』1988 年 9 月号〜10 月号.
〔6〕 黒川信重『ガロア理論と表現論：ゼータ関数への出発』日本評論社，2014 年 11 月.
〔7〕 黒川信重『現代三角関数論』岩波書店，2013 年.
〔8〕 黒川信重『リーマン予想の 150 年』岩波書店，2009 年.
〔9〕 黒川信重『リーマン予想の先へ：深リーマン予想』東京図書，2013 年.
〔10〕 黒川信重『リーマン予想の探求』技術評論社，2012 年.
〔11〕 Yuri Manin "Lectures on zeta functions and motives (according to Deninger and Kurokawa)" Asterisqe 228 (1995) 121-163.

CHAPTER 2
一元体

　絶対数学の基本は，「一元体」です．本章は，この一元体が考えられはじめた頃の話をします．昔話です．

▶ 2.1　有限体：ガロアの発見

　一元体は $\mathbb{F}_1$ と書かれます．通常の有限体 $\mathbb{F}_q$（q は素数のべき）の場合の記号を流用しています．

　有限体は1830年にガロアが発見しました：

　　E.Galois "Sur la théorie des nombres" Bulletin des sciences mathématiques de M.Férussac **13**（1830）428-435.

そのため，有限体はガロア体とも呼ばれます．有限体 $\mathbb{F}_q$ とは q 元からなる体で，q は必然的に，ある素数 p のべき $q=p^n$ となり，さらに，各 q に対して $\mathbb{F}_q$ は（同型を除いて）1個ずつ存在します．素数 p に対しての p 元体

$$\mathbb{F}_p = \{0, 1, \cdots, p-1\}$$

は初等数論の題材によくでてくるものです．演算 $+, \times$ は，通常の計

算をしたあとに，答えを p で割った余りとするものです．この p 元体 $\mathbb{F}_p$ はガロアより前から知られていましたが，素数べき $q = p^n$ に対する q 元体 $\mathbb{F}_q$ はガロアがはじめました．

有限体の元の個数が素数べきのみになる理由を簡単に説明しましょう．いま，K を有限体とし，その元の個数を $q = |K|$ とおきます．このとき，K の単位元 $1 = 1_K$ によって生成される環を

$$F = \{m \cdot 1_K \mid m \in \mathbb{Z}\}$$

とします．すると，

$$\begin{array}{ccc} \varphi : \mathbb{Z} & \longrightarrow & F \\ \cup & & \cup \\ m & \longmapsto & m \cdot 1_K \end{array}$$

という全射の環準同型写像ができますので，環の準同型定理から

$$\mathbb{Z}/\mathrm{Ker}(\varphi) \cong F$$

となります．ここで，核

$$\mathrm{Ker}(\varphi) = \{m \in \mathbb{Z} \mid m \cdot 1_K = 0_K\}$$

は $\mathbb{Z}$ のイデアルになりますので，F が整域であることから $\mathrm{Ker}(\varphi)$ は素イデアルとなり，さらに，$\mathbb{Z}/\mathrm{Ker}(\varphi)$ が有限環であることから

$$\mathrm{Ker}(\varphi) = (p) = p\mathbb{Z}$$

となる素数 p が存在することがわかります．したがって，F は p 元体

$$F = \mathbb{F}_p = \mathbb{Z}/(p) = \{0, 1, \cdots, p-1\}$$

となります．このとき，K は $\mathbb{F}_p$ 上のベクトル空間ですので，その次元を n とすると

$$q = |K| = |F|^n = p^n$$

となることが出ます．

このようにして，有限体 K は $\mathbb{F}_p$ 上の n 次拡大体とわかるのですが，それが（同型を除いて）一意に決まり $\mathbb{F}_q$ と書かれるものであることは，適当な『代数学』の教科書を見てください．通常は，「体・ガロア理論」のところに有限体の話が入っているはずです．

なお，一意性を見えやすくするには，$\mathbb{F}_p$ の代数閉包 $\overline{\mathbb{F}}_p$ を用いて

$\mathbb{F}_q$ を

$$\mathbb{F}_q = \mathbb{F}_{p^n} = \{\alpha \in \overline{\mathbb{F}}_p \mid \alpha^q = \alpha\}$$

と定義するのが手っとり早いでしょう．ここで，

$$\alpha^q = \alpha \iff \operatorname{Frob}_p^n(\alpha) = \alpha$$

です．ただし，

$$\operatorname{Frob}_p(\alpha) = \alpha^p$$

は $\overline{\mathbb{F}}_p$ のフロベニウス自己同型（フロベニウス作用素）です．

2.2　合同ゼータ関数：コルンブルムの発見

　数学最大の難問と呼ばれているリーマン予想は，さまざまな数学的産物を残してきました．「一元体」もその一つです．

　リーマン予想はリーマンゼータ関数

$$\zeta(s) = \prod_{p:\text{素数}} (1-p^{-s})^{-1} = \sum_{n=1}^{\infty} n^{-s}$$

の（解析接続後の）零点についての予想です．この関数には

$$s = -2, -4, -6, -8, \cdots$$

という実零点があります．実質的にはオイラーが 1740 年代に指摘していたことです．リーマンは $\zeta(s)$ の関数等式

$$\zeta(s) \longleftrightarrow \zeta(1-s)$$

を

$$\zeta(1-s) = \zeta(s) 2 (2\pi)^{-s} \Gamma(s) \cos\left(\frac{\pi s}{2}\right)$$

の形（これは，1740 年代にオイラーが書いていたものです）できちんと証明し，それと同値で対称性の高い関数等式

$$\hat{\zeta}(1-s) = \hat{\zeta}(s),$$
$$\hat{\zeta}(s) = \pi^{-\frac{s}{2}} \varGamma\left(\frac{s}{2}\right)\zeta(s)$$

の形にも書き直しました.

その結果,$\zeta(s)$ の零点は,$s=-2,-4,-6,-8,\cdots$ という実零点の他に,$0 \leqq \mathrm{Re}(s) \leqq 1$ における虚零点が無限個(可算無限個)存在することが判明しました.さらに,リーマンは

『虚零点はすべて関数等式の中心線
$$\mathrm{Re}(s) = \frac{1}{2}\ \text{上に乗っているだろう}』$$

という**リーマン予想**を 1859 年に提出したわけです.

このリーマン予想の証明は,とてつもない難題であることが次第にわかってきて,20 世紀のはじめには,暗礁に乗り上げていました.そこに現れたのが,ゲッチンゲン大学の学生コルンブルム(1890-1914)による合同ゼータ関数の研究です.コルンブルムの考え出したゼータ関数はゼータ関数の新たな領域を開拓することになります.さらに,コルンブルムの扱ったゼータ関数はリーマン予想の類似物の確かめやすいことも特長でした.

コルンブルムは有限体 $\mathbb{F}_p$ 係数の多項式環 $\mathbb{F}_p[x]$ の場合にリーマンゼータ関数やディリクレ L 関数の対応物を考え,ディリクレ素数定理の類似物を証明しました:

H.Kornblum "Über die Primfunktionen in einer arithmetischen Progression" Math. Zeitschrift 5(1919)100-111.

コルンブルムは,この論文を書き上げてから,第一次世界大戦に志願兵として出征し,残念なことに 1914 年に 24 歳で戦死してしまいました.5 年後の 1919 年に出版された論文は,コルンブルムの遺稿を師のランダウが編集して印刷に至ったものです(現在は,『ランダウ全集』にも収録されてます).

コルンブルムの出発点は,$\mathbb{F}_p[x]$ と整数環

$$\mathbb{Z} = \{0, \pm 1, \pm 2, \pm 3, \cdots\}$$

が良く似ている，というところです．$\mathbb{F}_p[x]$ も $\mathbb{Z}$ も環（演算 $+, \times$ が入っている）で，しかも，環の中でも基本的な単項イデアル整域（PID）というものになっています．

コルンブルムの考えは，環 A のゼータ関数 $\zeta_A(s)$ を

$$\zeta_A(s) = \prod_P (1 - N(P)^{-s})^{-1}$$

というオイラー積にすることと，一般化して見ることができます．ここで，P は A の極大イデアル全体を動き，

$$N(P) = |A/P|$$

は P のノルムです．実際に，この方式で計算しますと

$$\zeta_{\mathbb{Z}}(s) = \prod_{p:素数} (1 - p^{-s})^{-1} = \zeta(s)$$

となって，リーマンゼータ関数 $\zeta(s)$ は整数環 $\mathbb{Z}$ のゼータ関数であることがわかります．ここで，$\mathbb{Z}$ の極大イデアル P は，素数 p によって

$$P = (p) = p\mathbb{Z}$$

の形になり

$$N(P) = |\mathbb{Z}/p\mathbb{Z}| = p$$

であることを使っています．

さて，コルンブルムは，

$$\zeta_{\mathbb{F}_p[x]}(s) = \prod_{f:素多項式} (1 - N(f)^{-s})^{-1}$$

$$= \prod_{n=1}^{\infty} (1 - p^{-ns})^{-\kappa_p(n)}$$

となることから，次節のように（記号の説明もそこで）

$$\zeta_{\mathbb{F}_p[x]}(s) = \frac{1}{1 - p^{1-s}}$$

を得ました．合同ゼータ関数 $\zeta_{\mathbb{F}_p[x]}(s)$ とリーマンゼータ関数の似ている点を一つあげますと，どちらも，$s = 1$ に1位の極をもっていることです．

2.3 合同ゼータ関数の計算

コルンブルムの計算の道程を順に説明しましょう．$\mathbb{F}_p[x]$ の極大イデアル P は

$$P = (f) = f \cdot \mathbb{F}_p[x]$$

の形に書けます．ここで，f は「素多項式」（論文のタイトルにある Primfunktion）つまり「最高次係数が 1 の既約多項式」です．たとえば，$\mathbb{F}_2[x]$ では

$$f(x) = \underbrace{x,\ x+1}_{1\text{次式 2 個}},\ \underbrace{x^2+x+1}_{2\text{次式 1 個}},\ \underbrace{x^3+x+1,\ x^3+x^2+1}_{3\text{次式 2 個}},\ \cdots$$

となります．

さらに，$\mathbb{F}_p[x]$ の素多項式 f から $P = (f)$ として得られる極大イデアル P に対して

$$N(P) = \left| \mathbb{F}_p[x]/f \cdot \mathbb{F}_p[x] \right| = p^{\deg(f)}$$

となります：$\deg(f)$ は f の次数です．したがって，

$$\zeta_{\mathbb{F}_p[x]}(s) = \prod_{f:\text{素多項式}} (1 - p^{-\deg(f)s})^{-1}$$

ですので，素多項式を次数で分類することによって

$$\zeta_{\mathbb{F}_p[x]}(s) = \prod_{n=1}^{\infty} (1 - p^{-ns})^{-\kappa_p(n)},$$

$$\kappa_p(n) = \left|\{f:\text{素多項式} \mid \deg(f) = n\}\right|$$

となるわけです．

そこで，有限体の理論（現在の大学教程では『代数学』の「体・ガロア理論」のところに入っています）を用いて

$$\kappa_p(n) = \frac{1}{n} \sum_{m \mid n} \mu\left(\frac{n}{m}\right) p^m$$

とわかります．ここで，$\mu(m)$ はメビウス関数で

$$\mu(m) = \begin{cases} +1 \cdots m \text{ は偶数個の相異なる素数の積（または1）}, \\ -1 \cdots m \text{ は奇数個の相異なる素数の積}, \\ 0 \ \cdots \quad \text{その他} \end{cases}$$

となります．とくに，

$$\kappa_p(1) = p,$$
$$\kappa_p(2) = \frac{p^2 - p}{2},$$
$$\kappa_p(3) = \frac{p^3 - p}{3},$$
$$\kappa_p(4) = \frac{p^4 - p^2}{4},$$
$$\kappa_p(5) = \frac{p^5 - p}{5},$$
$$\kappa_p(6) = \frac{p^6 - p^3 - p^2 + p}{6},$$
$$\kappa_p(7) = \frac{p^7 - p}{7},$$
$$\kappa_p(8) = \frac{p^8 - p^4}{8},$$
$$\kappa_p(9) = \frac{p^9 - p^3}{9},$$
$$\kappa_p(10) = \frac{p^{10} - p^5 - p^2 + p}{10}$$

です．

この $\kappa_p(n)$ の公式を用いて計算すると，コルンブルムの結果

$$\zeta_{\mathbb{F}_p[x]}(s) = \frac{1}{1 - p^{1-s}}$$

を得ます．たとえば，$p = 2$ のときは

$$\zeta_{\mathbb{F}_2[x]}(s) = \prod_{n=1}^{\infty} (1 - 2^{-ns})^{-\kappa_2(n)},$$

$$\kappa_2(n) = \frac{1}{n} \sum_{m \mid n} \mu\left(\frac{n}{m}\right) 2^m$$

ですので，

$$\kappa_2(1) = 2,$$
$$\kappa_2(2) = \frac{2^2 - 2}{2} = 1,$$
$$\kappa_2(3) = \frac{2^3 - 2}{3} = 2,$$
$$\kappa_2(4) = \frac{2^4 - 2^2}{4} = 3,$$
$$\kappa_2(5) = \frac{2^5 - 2}{5} = 6,$$
$$\kappa_2(6) = \frac{2^6 - 2^3 - 2^2 + 2}{6} = 9,$$
$$\kappa_2(7) = \frac{2^7 - 2}{7} = 18,$$
$$\kappa_2(8) = \frac{2^8 - 2^4}{8} = 30,$$
$$\kappa_2(9) = \frac{2^9 - 2^3}{9} = 56,$$
$$\kappa_2(10) = \frac{2^{10} - 2^5 - 2^2 + 2}{10} = 99$$

より

$$\begin{aligned}\zeta_{\mathbb{F}_2[x]}(s) &= (1-2^{-s})^{-2}(1-4^{-s})^{-1}(1-8^{-s})^{-2} \\ &\quad \times (1-16^{-s})^{-3}(1-32^{-s})^{-6}(1-64^{-s})^{-9} \\ &\quad \times (1-128^{-s})^{-18}(1-256^{-s})^{-30}(1-512^{-s})^{-56} \\ &\quad \times (1-1024^{-s})^{-99} \cdots \\ &= (1-2^{1-s})^{-1}\end{aligned}$$

となります.

ここで, 最後の等式は, $u = 2^{-s}$ とおきかえますと

$$(1-u)^2(1-u^2)(1-u^3)^2(1-u^4)^3(1-u^5)^6$$
$$\times (1-u^6)^9(1-u^7)^{18}(1-u^8)^{30}(1-u^9)^{56}$$
$$\times (1-u^{10})^{99} \cdots = 1-2u$$

という等式と同じことです. 左辺を展開してみますと

$$(1-u)^2(1-u^2)(1-u^3)^2(1-u^4)^3(1-u^5)^6 \times \cdots$$
$$= (1-2u+u^2)(1-u^2)(1-u^3)^2(1-u^4)^3(1-u^5)^6 \cdots$$
$$= (1-2u+2u^3-u^4)(1-2u^3+u^6)(1-u^4)^3(1-u^5)^6 \cdots$$

$$= (1-2u+3u^4-3u^6+2u^9-u^{10})(1-3u^4+3u^8-u^{12})(1-u^5)^6\cdots$$
$$= 1-2u+0\cdot u^2+0\cdot u^3+0\cdot u^4+0\cdot u^5+\cdots$$

となって行くことがわかります.

一般の p の場合に証明すべきことは，次の通りです.

問題
$$\prod_{n=1}^{\infty}(1-u^n)^{\kappa_p(n)} = 1-pu$$
を示せ $\left(|u|<\dfrac{1}{p}\right)$.

解答 $u=0$ においては両辺とも 1 であるから，左辺の対数微分と右辺の対数微分を比較して

$$\sum_{m=1}^{\infty}\Bigl(\sum_{n\mid m}n\kappa_p(n)\Bigr)u^{m-1} = \sum_{m=1}^{\infty}p^m u^{m-1}$$

を示せばよい. つまり，必要な等式は

$$\sum_{n\mid m}n\kappa_p(n) = p^m \quad (m=1,2,3,\cdots)$$

であるが，この等式はメビウス（逆）変換により

$$n\kappa_p(n) = \sum_{m\mid n}\mu\Bigl(\frac{n}{m}\Bigr)p^m \quad (n=1,2,3,\cdots)$$

と同値である. よって証明された. [**解答終**]

なお，メビウス（逆）変換とは自然数上の 2 つの関数 $f(m), g(n)$ に対して

$$f(m) = \sum_{n\mid m}g(n) \iff g(n) = \sum_{m\mid n}\mu\Bigl(\frac{n}{m}\Bigr)f(m)$$

という関係式のことです. メビウス関数の基本性質

$$\sum_{m\mid n}\mu(m) = \begin{cases} 1 & \cdots\cdots\ n=1 \\ 0 & \cdots\cdots\ n>1 \end{cases}$$

から示されます. メビウス（逆）変換は（形式的）ゼータ関数

$$Z(s,f) = \sum_{m=1}^{\infty}f(m)m^{-s},$$

$$Z(s,g) = \sum_{n=1}^{\infty} g(n) n^{-s}$$

を用いて表示しますと

$$Z(s,f) = \zeta(s) Z(s,g) \iff Z(s,g) = \zeta(s)^{-1} Z(s,f)$$

という"自明な"関係です．ここで，

$$\zeta(s) Z(s,g) = \sum_{m=1}^{\infty} \left(\sum_{n|m} g(n) \right) m^{-s},$$

$$\zeta(s)^{-1} Z(s,f) = \sum_{n=1}^{\infty} \left(\sum_{m|n} \mu\left(\frac{n}{m}\right) f(m) \right) n^{-s},$$

$$\zeta(s)^{-1} = \sum_{m=1}^{\infty} \mu(m) m^{-s}$$

です．

この辺で，コルンブルムの結果

$$\zeta_{\mathbb{F}_p[x]}(s) = \frac{1}{1-p^{1-s}}$$

を導く別の方法を注意しておきましょう．それは，

$$\zeta_{\mathbb{F}_p[x]}(s) = \prod_{f:\text{素多項式}} (1-N(f)^{-s})^{-1}$$

というオイラー積を展開して

$$\zeta_{\mathbb{F}_p[x]}(s) = \sum_{h} N(h)^{-s}$$

とします．ここでの和は，最高次係数 1 の多項式 $h(x) \in \mathbb{F}_p[x]$ 全体を渡っています：$N(h) = p^{\deg(h)}$ です．この展開は，リーマンゼータ関数の場合には

$$\zeta(s) = \prod_{p:\text{素数}} (1-p^{-s})^{-1} = \sum_{n=1}^{\infty} n^{-s}$$

という展開にあたります．等式成立の理由は $\mathbb{F}_p[x]$ も $\mathbb{Z}$ も単項イデアル整域（PID）なので一意分解整域（UFD；つまり「素因数分解の一意性」が成立）になっていることにあります．

すると，h を次数によって分類して

$$\zeta_{\mathbb{F}_p[x]}(s) = \sum_{n=0}^{\infty} N_p(n) p^{-ns},$$

$$N_p(n) = \left|\{h \in \mathbb{F}_p[x] \text{ は最高次係数 } 1 \,|\, \deg(h) = n\}\right|$$

となります．ここで，最高次係数 1 の n 次多項式 $h(x)$ は

$$h(x) = x^n + a_{n-1}x^{n-1} + \cdots + a_1 x + a_0$$

と書けて，$a_0, \cdots, a_{n-1} \in \mathbb{F}_p$ は任意ですので

$$N_p(n) = p^n$$

であることがわかります．したがって

$$\zeta_{\mathbb{F}_p[x]}(s) = \sum_{n=0}^{\infty} p^n \cdot p^{-ns} = \frac{1}{1 - p^{1-s}}$$

となります．なお，この計算と表示

$$\zeta_{\mathbb{F}_p[x]}(s) = \prod_{n=1}^{\infty} (1 - p^{-ns})^{-\kappa_p(n)}$$

を比較することによって

$$\kappa_p(n) = \frac{1}{n} \sum_{m|n} \mu\left(\frac{n}{m}\right) p^m$$

の別証明が得られていることに注目してください．

ちなみに，「体・ガロア理論」の考え方では，$\mathbb{F}_p[x]$ の n 次素多項式全体を P_n とするとき（$\kappa_p(n) = |P_n|$ です）

$$x^{p^m} - x = \prod_{\alpha \in \mathbb{F}_{p^m}} (x - \alpha) = \prod_{\substack{f \in P_n \\ n|m}} f$$

を示してから，次数を比較することによって

$$p^m = \sum_{n|m} n \kappa_p(n)$$

を出して，メビウス（逆）変換により

$$\kappa_p(n) = \frac{1}{n} \sum_{m|n} \mu\left(\frac{n}{m}\right) p^m$$

が証明されます．

2.4 コルンブルムの算術級数素多項式定理

コルンブルムは，$\zeta(s)$ に対応する $\zeta_{\mathbb{F}_p[x]}(s)$ だけでなく，ディリクレ L 関数 $L(s,\chi)$ に対応する $L_{\mathbb{F}_p[x]}(s,\chi)$ を導入して，$\mathbb{F}_p[x]$ における「算術級数素多項式定理」を証明しました．ディリクレによる「算術級数素数定理」は

『互いに素な自然数 n, a に対して

$$p \equiv a \bmod n$$

となる素数 p は無限個存在する』

というものですが，コルンブルムの証明した $\mathbb{F}_p[x]$ 版は

『互いに素な多項式 $n(x), a(x)$ に対して

$$f(x) \equiv a(x) \bmod n(x)$$

となる素多項式 $f(x)$ は無限個存在する』

というものです．

実際に，コルンブルムは，

$$\sum_{\substack{f(x):\text{素多項式} \\ f(x) \equiv a(x) \bmod n(x)}} \frac{1}{N(f)} = +\infty$$

つまり

$$\sum_{\substack{f(x):\text{素多項式} \\ f(x) \equiv a(x) \bmod n(x)}} \frac{1}{p^{\deg(f)}} = +\infty$$

という，より精密な結果を証明しています．ところで，ディリクレ L 関数は，表現（群準同型）

$$\chi : (\mathbb{Z}/n\mathbb{Z})^\times \longrightarrow \mathbb{C}^\times$$

に対する

$$L(s,\chi) = \prod_{p \nmid n} (1 - \chi(p) p^{-s})^{-1}$$

ですが，コルンブルムの考えた $\mathbb{F}_p[x]$ 版の L 関数は表現

$$\chi : (\mathbb{F}_p[x]/n(x)\mathbb{F}_p[x])^\times \longrightarrow \mathbb{C}^\times$$

に対する

$$L_{\mathbb{F}_p[x]}(s,\chi) = \prod_{f \nmid n}(1-\chi(f)N(f)^{-s})^{-1}$$

です.

　これは，表現 χ が自明表現 $\mathbb{1}$ のときは，実質的に $\zeta_{\mathbb{F}_p[x]}(s)$ ですが (詳しくは，$f \mid n$ のオイラー因子が省かれます)，χ が自明表現 $\mathbb{1}$ でないときには，$L_{\mathbb{F}_p[x]}(s,\chi)$ は p^{-s} の多項式になります．その場合のリーマン予想とは

$$\mathbb{『}\ L_{\mathbb{F}_p[x]}(s,\chi) = 0 \ \Rightarrow\ \mathrm{Re}(s) = \frac{1}{2}\ \mathbb{』}$$

が成立することですが，これは言い換えると (後で説明します)

$$\mathbb{『}L_{\mathbb{F}_p[x]}(s,\chi) = (1-\lambda_1 p^{-s})\cdots(1-\lambda_r p^{-s}),$$
$$|\lambda_1| = \cdots = |\lambda_r| = \sqrt{p}\ \mathbb{』}$$

となることと同じことです．コルンブルムに続く研究によって，このリーマン予想も証明されています．

2.5　一般の合同ゼータ関数のリーマン予想

　一般の合同ゼータ関数に関するコルンブルム後の歴史は簡単に済ませましょう．1920 年代に入って，アルチンはコルンブルムの研究を $\mathbb{F}_p$ 上の関数体版 ($\mathbb{F}_p$ 上の代数曲線版) に拡張することを試み，リーマン予想の類似物が成立する多くの例を確認しました (アルチンの学位論文；1924 年に Math. Zeitschrift ——コルンブルムの論文と同じ雑誌——に出版).

　このリーマン予想は，楕円曲線 (種数 1 の代数曲線) の場合にはハッセが 1933 年に証明し，一般の代数曲線の場合はヴェイユが

1940年代に証明しました．その要点はフロベニウス作用素 Frob_p を，あるベクトル空間（コホモロジー）に作用させて得られる固有値の絶対値が $\sqrt{p}$ となることです．たとえば，コルンブルムの考えた $\chi \neq \mathbb{1}$ に対する $L_{\mathbb{F}_p[x]}(s,\chi)$ の場合には，前にも書きましたが，

$$L_{\mathbb{F}_p[x]}(s,\chi) = \prod_\lambda (1-\lambda p^{-s})$$

という $|\lambda|=\sqrt{p}$ をみたす λ に関する有限積に分解できて，

『リーマン予想

$$L_{\mathbb{F}_p[x]}(s,\chi) = 0 \Rightarrow \mathrm{Re}(s) = \frac{1}{2}$$』

がわかります：

$$L_{\mathbb{F}_p[x]}(s,\chi) = 0 \Rightarrow 1-\lambda p^{-s} = 0 \text{ となる } \lambda \text{ が存在}$$
$$\Rightarrow p^s = \lambda \text{ となる } \lambda \text{ が存在}$$
$$\Rightarrow p^{\mathrm{Re}(s)} = |p^s| = |\lambda| = p^{\frac{1}{2}}$$
$$\Rightarrow \mathrm{Re}(s) = \frac{1}{2}.$$

ここでは，λ が1次元コホモロジー $H^1(\chi)$ への Frob_p の作用の固有値となり，$|\lambda|=\sqrt{p}$ が成り立っています．

このような，

コルンブルム→アルチン→ハッセ→ヴェイユ

と続くバトンは，1960年代にグロタンディーク（1928年3月28日-2014年11月13日）に手渡されました．グロタンディークは超人的な大量の研究（EGA, SGA）によって，代数多様体・スキームの場合の合同ゼータ関数の場合にも「フロベニウス作用素による固有値解釈」（＝「行列式表示」）を SGA5（1965年）において証明しました．その場合のコホモロジーは1964年の SGA4 において確立されたエタールコホモロジーでした．一般の合同ゼータ関数に対するリーマン予想の証明は，最終的には，グロタンディークの仕事の上でドリーニュが1974年に完成しました．

この辺のリーマン予想に関する歴史に関しましては

黒川信重『リーマン予想の 150 年』岩波書店，2009 年

を参照してください.

2.6 一元体の手がかり

合同ゼータ関数のリーマン予想の証明を見て，誰でも考えたことは，$\zeta(s)$ の場合にも「根底となる係数体」上の話と見て，合同ゼータ関数と同様なことができないだろうか，というものでした．これが，そのために必要となる「根底となる係数体」が「一元体 $\mathbb{F}_1$」とおぼろげに映ってきたきざしでした．

実際，黒川はドリーニュによる合同ゼータ関数のリーマン予想の証明が有限体上のテンソル積を高いべきまで使って（最終的には無限べきに持って行く）得られていることをリーマンゼータ関数などでも実現しようとして

「黒川テンソル積」＝「一元体 $\mathbb{F}_1$ 上のテンソル積」

を考え出しました．その解説は

黒川信重『現代三角関数論』岩波書店，2013 年

および，1990 年当初の黒川の研究を「$\mathbb{F}_1$ 上のテンソル積」として解釈し「黒川テンソル積（Kurokawa tensor product）」と名付けたマニンの講義録

Yu. Manin "Lectures on zeta functions and motives（according to Deninger and Kurokawa）" Asterisque 228（1995）121-163

を見てください．

一方，ティッツは 1957 年に，別の状況において一元体 $\mathbb{F}_1$ を持ち

出しました．数学史としては，これが一元体が現れたはじめということになるでしょう．ティッツの論文は

> J. Tits "Sur les analogues algébriques des groupes semi-simple complexes" Colloque d'algèbre supérieure, tenu à Bruxelles du 19 au 22 décembre 1956, p.261-289, Gauthier-Villars, 1957

です．この中でティッツは代数群 $\mathbb{G}$ のワイル群 $W(\mathbb{G})$ が

$$W(\mathbb{G}) = \mathbb{G}(\mathbb{F}_1)$$

として得られるに違いないと予想しています．たとえば，$\mathbb{G} = \mathbb{GL}(n)$（$n$ 次の一般線形群）ならワイル群 $W(\mathbb{GL}(n))$ は n 次対称群 S_n であることが知られていますので

$$S_n = \mathbb{GL}(n, \mathbb{F}_1)$$

ということになります．交代群 A_n は

$$A_n = \mathbb{SL}(n, \mathbb{F}_1)$$

と特殊線形群 $\mathbb{SL}(n)$ の場合となるわけです．単純群 A_n $(n \geq 5)$ は昔から他の有限単純群とは異色の群として知られていましたが，この解釈が正しければ $\mathbb{SL}(n, \mathbb{F}_1)$ という"線形群"になって解明の手がかりが得られるわけです．

このようにして，二十世紀には，いくつかの方向から一元体への模索がなされ，面白い一進一退の状況が続くことになります．

CHAPTER 3
和のない世界

　世界から和がなくなったら，どれほど違った世界になるのだろうか，と考えるのが絶対数学です．本章は，絶対数学の根底をなす「絶対代数」や「一元体」を「和なしの世界」という単純な発想から見ます．

▶ 3.1　和なしの世界

　次の図1を見てください．これが「和ありの世界」（左上）から「和なしの世界」（右下）への移行を表しています．ゆっくり説明して行きましょう．

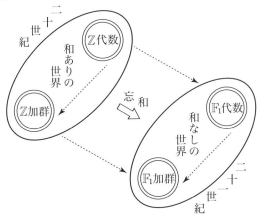

図1　忘和プロセス

言うまでもないでしょうが，「和なしの世界」が，「長十郎」「二十世紀」「幸水」「豊水」「にっこり」「きらり」「二十一世紀」など「和梨の世界」を指しているわけではなく，「和なしの世界」の反対の「和ありの世界」が「洋梨の世界」や「用無しの世界」や「和蟻の世界」を意味しているわけでもありません．

　あくまでも，数学の世界で起こりつつある「和ありの世界」という20世紀の数学から21世紀の「和なしの世界」への移行のことです．

　図1の言葉を少し説明しておきます．$\mathbb{Z}$代数 とは 環 のことです．ただし，
$$\mathbb{Z} = \{0, \pm 1, \pm 2, \pm 3, \cdots\}$$
で演算は和＋と積×です．数学では簡略化のために「環 A」という風に書いて，演算＋と×は明示しないのが普通です．$\mathbb{Z}$の場合も状況によっては

　　加法群　$(\mathbb{Z}, +)$

　　乗法モノイド　$(\mathbb{Z}, \times)$

　　集合　$\mathbb{Z}$

などともなりますが，どれも単に$\mathbb{Z}$と書くことが多くて混同しがちです．環の場合は，ていねいには

　　環 $(\mathbb{Z}, +, \times)$

　　環 $(A, +, \times)$

と書くのがわかり良いでしょう．

　次に $\mathbb{Z}$加群 とは $(A, +)$という アーベル群 （加法群）のことです．$\mathbb{F}_1$代数 とは，あとで説明しますが $(A, \times)$という モノイド です．和がなくて，積のみです．おわりに，$\mathbb{F}_1$加群 とは A という（演算の入っていない）集合 を指しています．

3.2 一元体と絶対代数

一元体 $\mathbb{F}_1$ は「一元体」という言葉にこだわって「一元」にすると
$$\mathbb{F}_1 = \{1\}$$
です．ここで，$\mathbb{F}_1$ には
$$1 \times 1 = 1$$
という演算 $\times$（積）が入っています．通常の数学用語では単位元のみの群 —— 単位群（あるいは「自明群」）—— ということになります．ただし，「一元体」という用語は，何をしたいかということが重要です．その何かについては，徐々に話します．

さて，上記のように $\mathbb{F}_1$ を決めると

| 絶対代数 | = | $\mathbb{F}_1$ 代数 | = | 単圏（モノイド） |

と考えることになります．ここで，単圏（モノイド）M とは積 $\times$ の入った集合で，単位元 1 をもち，結合法則をみたすものです：

$$1 \times a = a \times 1 = a \quad [1 \text{ は単位元}],$$
$$(a \times b) \times c = a \times (b \times c) \quad [\text{結合法則}]$$

という等式がすべての $a, b, c \in M$ に対して成立することが条件です．

なお，「モノイド」(monoid) は「単位元をもつ半群」という呼び方もありますが，普通カタカナで書かれるのは残念なところです．群 (group)，環 (ring)，体 (field) くらいになってほしいものです．そこで，短い「単圏」という用語を提案したわけです．

理由は，次の通りです．これは，「圏」（カテゴリー，category）から作っています．圏 $\mathcal{C}$ とは対象 (object) $\mathrm{Ob}(\mathcal{C})$ と対象間の射 (morphism) $\mathrm{Mor}(\mathcal{C})$ からなるものです．対象 X, Y に対して X から Y への射 $f : X \to Y$ の全体を $\mathrm{Hom}_\mathcal{C}(X, Y)$ と書きます．圏の条件は

次の (1) (2) をみたすことです：

(1)　$X_1 \xrightarrow{f_1} X_2,\ X_2 \xrightarrow{f_2} X_3,\ X_3 \xrightarrow{f_3} X_4$

に対して合成

$$f_2 \circ f_1 \in \mathrm{Hom}_\mathcal{C}(X_1, X_3),$$
$$f_3 \circ f_2 \in \mathrm{Hom}_\mathcal{C}(X_2, X_4)$$

が存在して結合法則

$$f_3 \circ (f_2 \circ f_1) = (f_3 \circ f_2) \circ f_1$$

が成立する．

(2) 各対象 X に対して恒等射

$$\mathrm{id}_X \in \mathrm{Hom}_\mathcal{C}(X, X) = \mathrm{End}_\mathcal{C}(X)$$

が存在して，射の合成に関して単位元としてふるまう．つまり

$$f: X \to Y\ \text{に対して}\ f \circ \mathrm{id}_X = f,$$
$$g: Y \to X\ \text{に対して}\ \mathrm{id}_X \circ g = g.$$

モノイドとは，対象が $*$ という 1 個だけの圏 $\mathcal{C}$ を考えて，

$$\mathrm{Ob}(\mathcal{C}) = \{*\}$$

と置いたときの

$$\mathrm{Mor}(C) = \mathrm{End}_\mathcal{C}(*) = \mathrm{Hom}_\mathcal{C}(*, *)$$

と思えば良いわけです．この意味でモノイドを対象が単一の圏，つまり「単圏」（「単対象圏」の略）と呼ぼうと言うのです．

このように考えて，$\mathbb{F}_1$ 代数（絶対代数）からなる圏 **Alg**$(\mathbb{F}_1)$ を単圏（モノイド）の圏 **Monoid** と同定することになります：

$$\textbf{Alg}(\mathbb{F}_1) = \textbf{Monoid}.$$

なお，圏は「何かの全体」という捉え方に便利です．対象を頂点とし射を辺とする（有向）グラフと考えると図形的な見方にもなります．

3.3 零元の扱いについての注意

ここでは，今のところ，「一元」という名称にこだわって，零元 0 を $\mathbb{F}_1$ に加えることはしていませんが, 別の流儀では零元 0 (「吸収元」とも呼ばれます) を入れた
$$\mathbb{F}_1 = \{1, 0\}$$
とすることもありますので注意してください．見た目には「二元」になってしまいますが…．演算は
$$\begin{cases} 1 \times 1 = 1 \\ 1 \times 0 = 0 \times 1 = 0 \\ 0 \times 0 = 0 \end{cases}$$
です．また，$\mathbb{F}_1 = \{1, 0\}$ のときは
$$\boxed{絶対代数} = \boxed{\mathbb{F}_1 代数} = \boxed{零元をもつ単圏}$$
となります．

まあ，単圏 M に 0 が入っていなければ，（必要に応じて）0 を入れればよいのです：
$$\overline{M} = M \sqcup \{0\}$$
と置いて，演算を
$$\begin{cases} a \times 0 = 0 \times a = 0 \ (a \in M) \\ 0 \times 0 = 0 \end{cases}$$
と入れます（M の元どうしはもとのまま）．ここでの「零元 0」は喫茶店でコーヒーを注文したときに付いてくるミルクのようなものです．ブラック（黒）が良ければ，ミルクなしで賞味してください．本書でも時に応じて，0 入りも使うことでしょう．

3.4 環から絶対代数へ

絶対代数の圏

$$\mathrm{Alg}(\mathbb{F}_1) = \mathrm{Monoid}$$

は慣れていない人も多いと思います．実は，伝統的な数学では，それほど重要視されて来なかったのです．21世紀数学に親しむには，ここからはじめると良いでしょう．

一方，環とは $\mathbb{Z}$ 代数のことで，$\mathbb{Z}$ 代数の圏 $\mathrm{Alg}(\mathbb{Z})$ は環の圏 Ring と一致します：

$$\mathrm{Alg}(\mathbb{Z}) = \mathrm{Ring}.$$

これが，20世紀数学の重要な題材でした．

ここで，(20世紀から21世紀への) 自然な関手

$$\mathrm{Alg}(\mathbb{Z}) \longrightarrow \mathrm{Alg}(\mathbb{F}_1)$$

が存在します．関手 (functor) とは「圏から圏への"写像"で演算を保つもの」です．(詳しくは『圏論』に関する本や解説を見てください．) この関手

$$\mathrm{Alg}(\mathbb{Z}) \longrightarrow \mathrm{Alg}(\mathbb{F}_1)$$

は対象のレベルで見ると，$\mathbb{Z}$ 代数 $(A, \times, +)$ に対して $\mathbb{F}_1$ 代数 $(A, \times)$ を対応させるものです．環の演算 + を忘れる関手ですので「忘却関手」(forgetful functor = 忘れっぽい関手) と呼ばれます．今の場合には，内容も取り込んで「忘和関手」と言っても良いでしょう．

3.5 絶対ベクトル空間

$\mathbb{Z}$ 加群の圏 $\mathrm{Mod}(\mathbb{Z})$ はアーベル群 (演算は $+$) の圏 Ab と同じものです:
$$\mathrm{Mod}(\mathbb{Z}) = \mathrm{Ab}.$$
そうすると, 自然に
$$\mathrm{Mod}(\mathbb{F}_1) = \mathrm{Set}$$
と考えられます. ここで, $\mathrm{Mod}(\mathbb{F}_1)$ は $\mathbb{F}_1$ 加群 ($\mathbb{F}_1$ ベクトル空間) の圏で, Set は集合の圏です. 自然な関手

$$
\begin{array}{ccc}
\mathrm{Mod}(\mathbb{Z}) & \longrightarrow & \mathrm{Mod}(\mathbb{F}_1) \\
\| & & \| \\
\mathrm{Ab} & \longrightarrow & \mathrm{Set} \\
(A, +) & \longmapsto & A
\end{array}
$$

も和を忘れる忘却関手 (忘和関手) です.

このようにして, 冒頭のひし形

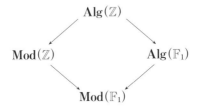

の詳しい形が, 次のページの図 2 として得られます.

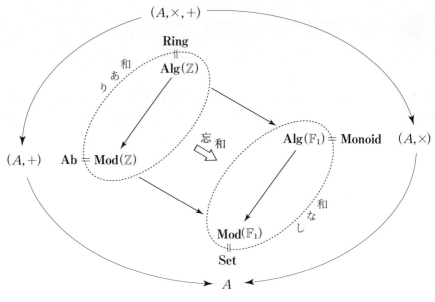

図2　詳しい忘和プロセス

ここで，関手

$$\mathbf{Alg}(\mathbb{Z}) \longrightarrow \mathbf{Mod}(\mathbb{Z}),$$
$$\mathbf{Alg}(\mathbb{F}_1) \longrightarrow \mathbf{Mod}(\mathbb{F}_1)$$

は共に演算×を忘れる忘却関手（忘積関手）です．

一般的に，集合 X に対して，X を基底とする自由 $\mathbb{Z}$ 加群を $\mathbb{Z}^{(X)}$ と書きますと，X を基底とする $\mathbb{F}_1$ ベクトル空間（自由 $\mathbb{F}_1$ 加群）$\mathbb{F}_1^{(X)}$ は集合 X そのものと考えればよいわけです．

したがって，$X = \{x_1, x_2, \cdots, x_n\}$ のとき

$$\mathbb{F}_1^{(X)} = \mathbb{F}_1^n$$

において

$$\mathrm{Aut}_{\mathbb{F}_1}(\mathbb{F}_1^{(X)}) = \mathrm{Aut}_{\mathbf{Mod}(\mathbb{F}_1)}(\mathbb{F}_1^n) = GL(n, \mathbb{F}_1)$$

ですが，一方では

$$\mathrm{Aut}_{\mathbb{F}_1}(\mathbb{F}_1^{(X)}) = \mathrm{Aut}_{\mathbf{Set}}(\{x_1, \cdots, x_n\}) = S_n$$

となって

$$GL(n, \mathbb{F}_1) = S_n$$

と考えられる, ということになります. ここで, S_n は n 次対称群です.

3.6 絶対合同代数

自然数 $N \geqq 1$ に対して
$$\mathbb{Z}/N\mathbb{Z} = \{0, 1, \cdots, N-1\}$$
とおきます. 整数を $\bmod N$ (N で割った余り) で見たものです. 絶対合同代数とは, ここでは, $(\mathbb{Z}/N\mathbb{Z}, \times)$ だけ考えます.

たとえば, 絶対合同代数 $(\mathbb{Z}/7\mathbb{Z}, \times)$ では
$$\mathbb{Z}/7\mathbb{Z} = \{0, 1, 2, 3, 4, 5, 6\},$$
$$2 \times 3 = 6,$$
$$3 \times 3 = 2,$$
$$3 \times 4 = 5,$$
$$4 \times 5 = 6$$
となっていて, 5乗写像 [5] は
$$\begin{aligned} 0 &\longrightarrow 0 \\ 1 &\longrightarrow 1 \\ 2 &\longrightarrow 4 \\ 3 &\longrightarrow 5 \\ 4 &\longrightarrow 2 \\ 5 &\longrightarrow 3 \\ 6 &\longrightarrow 6 \end{aligned}$$
と与えられます. この5乗写像は $(\mathbb{Z}/7\mathbb{Z}, \times)$ の自己同型になってい

ます．さらに，25 乗写像
$$[25] = [5] \circ [5]$$
は恒等射像になるという面白いこともわかります．つまり，5 乗写像 $[5]$ の逆写像 $[5]^{-1}$ は 5 乗写像 $[5]$ になっています：
$$[5]^{-1} = [5].$$

一つ注意して欲しいことは，通常の代数学のところでよく出てくるのは $(\mathbb{Z}/N\mathbb{Z}, +)$ というアーベル群（N 次巡回群）あるいは $(\mathbb{Z}/N\mathbb{Z}, +, \times)$ という環（N 元環）ですので，混同しないでください．絶対数学において重要な $(\mathbb{Z}/N\mathbb{Z}, \times)$ は，まず出てきません．ところが，この絶対合同代数 $(\mathbb{Z}/N\mathbb{Z}, \times)$ と同型写像は既に日常生活に融けこんでいて意外なところで大活躍しています．その話は，第 8 章をみてください．

3.7 N 元体

自然数 N に対して絶対合同代数 $(\mathbb{Z}/N\mathbb{Z}, \times)$ は N 元からなる有限絶対代数ですが，もう一つ N 元からなる有限絶対代数を紹介しておきます．

それは
$$\mathbb{F}_N = \begin{cases} \{1\} = \mathbb{F}_1 \cdots N = 1 \\ \{\alpha \in \mathbb{C} \mid \alpha^N = \alpha\} = \mu_{N-1} \sqcup \{0\} \cdots N \geqq 2 \end{cases}$$
と定まる絶対代数です．演算は積（乗法）です．また，
$$\mu_n = \{\alpha \in \mathbb{C} \mid \alpha^n = 1\}$$
は位数 n の巡回群（演算は積）です．

具体例をいくつかあげておきましょう：

$$\mathbb{F}_2 = \{1, 0\},$$
$$\mathbb{F}_3 = \{1, -1, 0\},$$
$$\mathbb{F}_4 = \left\{1, \frac{-1+\sqrt{3}\,i}{2}, \frac{-1-\sqrt{3}\,i}{2}, 0\right\},$$
$$\mathbb{F}_5 = \{1, i, -1, -i, 0\}.$$

特別な場合として，N が素数 p のときは
$$\mathbb{F}_N \cong (\mathbb{Z}/N\mathbb{Z}, \times)$$
となっています．さらに，N が素数べき p^n のときには
$$\mathbb{F}_N \cong (\mathbb{F}_{p^n}, \times)$$
です．ここで，右側の $\mathbb{F}_{p^n}$ は有限体 $(\mathbb{F}_{p^n}, \times, +)$ から和を忘れたもの $(\mathbb{F}_{p^n}, \times)$ です．

通常の有限体の場合は N は素数べきだけでしたが，絶対有限体では，すべての自然数 N に対して $\mathbb{F}_N$ が存在するという明るいところが大きな違いです．これも 20 世紀数学と 21 世紀数学の違いの一例です．この絶対 N 元体 $\mathbb{F}_N$ は，あとで話題になる絶対ゼータ関数の構成などで活躍するものです．

問題 3.1

代数閉体 K と 2 以上の自然数 N に対して
$$\mathbb{F}_N(K) = \{\alpha \in K \,|\, \alpha^N = \alpha\}$$
とおく．$\mathbb{F}_N(K)$ が N 元からなる条件を求めよ．

解答　K の元 α に対して
$$\alpha^N = \alpha \iff \alpha^{N-1} = 1 \text{ または } \alpha = 0$$
なので
$$\mathbb{F}_N(K) = \mu_{N-1}(K) \sqcup \{0\}$$
となる．ここで，
$$\mu_{N-1}(K) = \{\alpha \in K \,|\, \alpha^{N-1} = 1\}.$$
よって，$x^{N-1} - 1 \in K[x]$ が重根を持たない条件を求めればよい．それには，微分した多項式 $(N-1)x^{N-2} \in K[x]$ を見ればよい．したがって，

$$\begin{cases} K \text{ の標数が } 0 \text{ のときは, いつも } |\mathbb{F}_N(K)| = N, \\ K \text{ の標数が } p > 0 \text{ のときは} \end{cases}$$
$$|\mathbb{F}_N(K)| = N \iff N \not\equiv 1 \mod p.$$

[解答終]

この問題において, $N = p^n$ (p は素数) とすると, 通常の有限体 $\mathbb{F}_{p^n}$ は $\mathbb{F}_N(\overline{\mathbb{F}_p})$ として得られるものであることを思い出してください.

問題3.2

2以上の自然数 N に対して $\mathbb{F}_N$ の自己同型群が
$$\mathrm{Aut}(\mathbb{F}_N) \cong (\mathbb{Z}/(N-1)\mathbb{Z})^\times$$
という位数 $\varphi(N-1)$ の群であることを示せ.

[解答] $\mathrm{Aut}_{\mathbb{F}_1}(\mathbb{F}_N)$ の元 σ は
$$\begin{cases} \sigma(1)^2 = \sigma(1^2) = \sigma(1) \\ \sigma(0)^2 = \sigma(0^2) = \sigma(0) \\ \sigma(0) = \sigma(0 \cdot 1) = \sigma(0)\sigma(1) \end{cases}$$
より, $\sigma(1) = 1$, $\sigma(0) = 0$ をみたしている. よって, σ は μ_{N-1} への制限によって決まる. さらには, 1の原始 $N-1$ 乗根 ζ_{N-1} の行き先
$$\sigma(\zeta_{N-1}) = \zeta_{N-1}^{k(\sigma)},$$
$$k(\sigma) \in (\mathbb{Z}/(N-1)\mathbb{Z})^\times$$
によって決まる. したがって, 同型
$$\mathrm{Aut}_{\mathbb{F}_1}(\mathbb{F}_N) \cong (\mathbb{Z}/(N-1)\mathbb{Z})^\times$$
$$\cup \qquad\qquad \cup$$
$$\sigma \longmapsto k(\sigma)$$
を得る. さらに, $[k]$ によって k 乗写像を表すと
$$\mathrm{Aut}_{\mathbb{F}_1}(\mathbb{F}_N) = \{[k] \mid k \in (\mathbb{Z}/(N-1)\mathbb{Z})^\times\}$$
$$= \left\{ [k] \,\middle|\, \begin{matrix} k = 1, \cdots, N-1 \\ (k, N-1) = 1 \end{matrix} \right\}$$
となる.

[解答終]

問題 3.3

2以上の自然数 m, n に対して $\varphi(m^n-1)$ は n の倍数であることを証明せよ.

[解答] $N = m^n$ として自己同型群
$$G = \mathrm{Aut}_{\mathbb{F}_1}(\mathbb{F}_N)$$
を考える. いま, 部分群 H を
$$H = \langle [m] \rangle \subset G$$
とすると
$$[m]^k(\zeta_{N-1}) = [m^k](\zeta_{N-1}) = \zeta_{N-1}^{m^k}$$
なので, H の位数は n であることがわかる.

一方, 問題 3.2 より G の位数は $\varphi(m^n-1)$ であるから, ラグランジュの定理より
$$\frac{\varphi(m^n-1)}{n} = [G : H] = |G/H|$$
は整数であることがわかる. [解答終]

例

$$\frac{\varphi(2^2-1)}{2} = 1, \quad \frac{\varphi(2^3-1)}{3} = 2, \quad \frac{\varphi(2^4-1)}{4} = 2, \quad \frac{\varphi(2^5-1)}{5} = 6,$$

$$\frac{\varphi(3^2-1)}{2} = 2, \quad \frac{\varphi(3^3-1)}{3} = 4, \quad \frac{\varphi(3^4-1)}{4} = 8, \quad \frac{\varphi(3^5-1)}{5} = 22,$$

$$\frac{\varphi(4^2-1)}{2} = 4, \quad \frac{\varphi(4^3-1)}{3} = 12, \quad \frac{\varphi(4^4-1)}{4} = 32, \quad \frac{\varphi(4^5-1)}{5} = 120,$$

$$\frac{\varphi(5^2-1)}{2} = 4, \quad \frac{\varphi(5^3-1)}{3} = 20, \quad \frac{\varphi(5^4-1)}{4} = 48, \quad \frac{\varphi(5^5-1)}{5} = 280.$$

CHAPTER 4

絶対体

　絶対代数の重要な例は絶対体です．これは，基本的には「群」あるいは「群に0を添加したもの」です．本章は，絶対体を用いて，絶対ゼータ関数を作ることへと歩を進めます．この辺は，簡単な計算をたくさんやると納得できることが多くあります．

4.1　絶対体

　絶対代数とはモノイド（単圏）—乗法について結合法則をみたし単位元をもつもの—のことでした．絶対代数 A が絶対体であるとは，A の0以外の元がすべて可逆元であることを言います．つまり，$a \in A$ に対して，$a \neq 0$ なら $ab = ba = 1$ となる $b \in A$ が存在する，というのが条件です．

　絶対体 A が0をもたない場合と0をもつ場合に分けて書いてみましょう．まず，A が0をもたないときは
$$A(\not\ni 0) \text{ は絶対体} \iff A \text{ は群}$$
となります．次に，A が0をもつときは，
$$A(\ni 0) \text{ は絶対体} \iff G = A - \{0\} \text{ は群}$$
です．まとめますと，絶対体 A とは，ある群（乗法的に表して）G によって

$$A = \begin{cases} G \\ G \sqcup \{0\} \end{cases}$$

と書けるものです．この G を A の単数群と呼び $A^\times$ と書きます：

$$A^\times = \begin{cases} A & \cdots \ A \text{ は群}, \\ A - \{0\} & \cdots \ A \text{ は0元をもつ絶対体}. \end{cases}$$

このように，絶対体は群と同じくたくさん存在します．

たとえば，有限絶対体とは有限群か有限群に0を添加したものですが，そのうちの特別なもの $\mathbb{F}_n$ $(n=1,2,3,\cdots)$ については既に述べた通りです（第3章, 3.7節）：

$$\mathbb{F}_n = \begin{cases} \{1\} & \cdots \ n = 1, \\ \{\alpha \in \mathbb{C} \mid \alpha^n = \alpha\} = \mu_{n-1} \sqcup \{0\} & \cdots \ n \geq 2. \end{cases}$$

4.2 絶対ゼータ関数

絶対ゼータ関数は絶対数学の中心テーマですので，後でも様々な観点——とくに合同ゼータ関数との関係——から話しますが，本章では絶対体を用いて考えます．

いま，絶対代数 A に対して

$$|\mathrm{Hom}(A, \mathbb{F}_n)| = N_A(n) \quad (n = 2, 3, \cdots)$$

をみたす多項式

$$N_A(u) = \sum_k c_A(k) u^k$$

が存在したと仮定します．この $N_A(u)$ を A の 個数関数 と呼びます．ここで，$|\mathrm{Hom}(A, \mathbb{F}_n)|$ は A から $\mathbb{F}_n$ への絶対代数としての準同型（モノイド準同型）の個数を表しています．

このとき，A の絶対ゼータ関数を

$$\zeta_A(s) = \prod_k (s-k)^{-c_A(k)}$$

と定めます.なお,$N_A(u)$ が多項式と限らない場合でも

$$\zeta_A(s) = \exp\Big(\frac{\partial}{\partial w} Z_A(w,s)\Big|_{w=0}\Big),$$

$$Z_A(w,s) = \frac{1}{\Gamma(w)} \int_1^\infty N_A(u) u^{-s-1} (\log u)^{w-1} du$$

という操作(ゼータ正規化)によって絶対ゼータ関数 $\zeta_A(s)$ を作ることができます.ここで,$\Gamma(w)$ はガンマ関数です.この構成法は

黒川信重『現代三角関数論』岩波書店,2013 年

において与えられています.詳しくは,その背景も込めて,第 10 章にて解説することにしましょう.

多項式

$$N_A(u) = \sum_k c_A(k) u^k$$

になっている場合にはゼータ正規化の計算も簡単にチェックできます:

$$\begin{aligned} Z_A(w,s) &= \frac{1}{\Gamma(w)} \int_1^\infty \Big(\sum_k c_A(k) u^k\Big) u^{-s-1} (\log u)^{w-1} du \\ &= \sum_k c_A(k) \cdot \frac{1}{\Gamma(w)} \int_1^\infty u^{-(s-k)-1} (\log u)^{w-1} du \\ &= \sum_k c_A(k) (s-k)^{-w} \end{aligned}$$

より

$$\frac{\partial}{\partial w} Z_A(w,s)\Big|_{w=0} = -\sum_k c_A(k) \log(s-k),$$

$$\zeta_A(s) = \prod_k (s-k)^{-c_A(k)}.$$

ここで用いた計算

$$\frac{1}{\Gamma(w)} \int_1^\infty u^{-\alpha} (\log u)^{w-1} \frac{du}{u} = \alpha^{-w}$$

は次の通りです（$\alpha > 0$ とします）．左辺において $u = e^{x/\alpha}$ とおきかえると

$$\frac{1}{\Gamma(w)}\int_1^\infty u^{-\alpha}(\log u)^{w-1}\frac{du}{u}$$

$$=\frac{1}{\Gamma(w)}\int_0^\infty e^{-x}\left(\frac{x}{\alpha}\right)^{w-1}\frac{dx}{\alpha}$$

$$=\alpha^{-w}\cdot\frac{1}{\Gamma(w)}\int_0^\infty e^{-x}x^{w-1}dx$$

となり，ガンマ関数の定義式

$$\Gamma(w)=\int_0^\infty e^{-x}x^{w-1}dx$$

によって，求める式 α^{-w} を得ます．

4.3　絶対体の絶対ゼータ関数：ローラン代数

$r=1,2,3,\cdots$ に対して，r 元生成の自由アーベル群

$$A_r=\langle t_1^\pm,\ \cdots,\ t_r^\pm\rangle$$
$$=\{t_1^{m_1}\cdots t_r^{m_r}\,|\,m_1,\cdots,m_r=0,\pm 1,\pm 2,\cdots\}$$

という絶対体 A_r の場合——

$$A_r=\mathbb{F}_1[t_1^\pm,\ \cdots,\ t_r^\pm]$$

という ローラン代数 と書くことが多い——に絶対ゼータ関数を計算してみましょう．

まず，$n\geqq 2$ に対して全単射写像

$$\begin{array}{ccc}\mathrm{Hom}(A_r,\ \mathbb{F}_n) & \xrightarrow{1:1} & (\mu_{n-1})^r \\ \cup & & \cup \\ \varphi & \longmapsto & (\varphi(t_1),\cdots,\varphi(t_r))\end{array}$$

によって

$$|\mathrm{Hom}(A_r,\mathbb{F}_n)|=(n-1)^r$$

とわかります．したがって

$$N_{Ar}(u) = (u-1)^r$$
$$= \sum_{k=0}^{r} (-1)^{r-k} \binom{r}{k} u^k$$

という多項式を得ます．ここで，

$$\binom{r}{k} = {}_r C_k = \frac{r!}{k!(r-k)!}$$

は2項係数．

これから，絶対ゼータ関数 $\zeta_{Ar}(s)$ は

$$\zeta_{Ar}(s) = \prod_{k=0}^{r} (s-k)^{(-1)^{r-k+1}\binom{r}{k}}$$

と求まります．たとえば，

$$\zeta_{A_1}(s) = \frac{s}{s-1},$$

$$\zeta_{A_2}(s) = \frac{(s-1)^2}{(s-2)s},$$

$$\zeta_{A_3}(s) = \frac{(s-2)^3 s}{(s-3)(s-1)^3},$$

$$\zeta_{A_4}(s) = \frac{(s-3)^4(s-1)^4}{(s-4)(s-2)^6 s},$$

$$\zeta_{A_5}(s) = \frac{(s-4)^5(s-2)^{10} s}{(s-5)(s-3)^{10}(s-1)^5},$$

$$\zeta_{A_6}(s) = \frac{(s-5)^6(s-3)^{20}(s-1)^6}{(s-6)(s-4)^{15}(s-2)^{15} s},$$

$$\zeta_{A_7}(s) = \frac{(s-6)^7(s-4)^{35}(s-2)^{21} s}{(s-7)(s-5)^{21}(s-3)^{35}(s-1)^7},$$

$$\zeta_{A_8}(s) = \frac{(s-7)^8(s-5)^{56}(s-3)^{56}(s-1)^8}{(s-8)(s-6)^{28}(s-4)^{70}(s-2)^{28} s}$$

です．

問題 4.1

$r = 1, 2, 3, \cdots$ に対して関数等式
$$\zeta_{Ar}(r-s) = \zeta_{Ar}(s)^{(-1)^r}$$
を証明せよ．

解答1

$$\zeta_{Ar}(s) = \prod_{k=0}^{r} (s-k)^{(-1)^{r-k+1}\binom{r}{k}}$$

を用いると

$$\zeta_{Ar}(r-s) = \prod_{k=0}^{r} ((r-s)-k)^{(-1)^{r-k+1}\binom{r}{k}}$$

$$= \prod_{k=0}^{r} ((r-k)-s)^{(-1)^{(r-k)+1}\binom{r}{k}}$$

$$= \prod_{k=0}^{r} (k-s)^{(-1)^{k+1}\binom{r}{k}}$$

となる．ただし，最後の等式では $r-k$ を k とおきかえたあとで

$$\binom{r}{r-k} = \binom{r}{k}$$

を用いた．

したがって，

$$\zeta_{Ar}(r-s) = (-1)^{-\sum_{k=0}^{r}(-1)^k\binom{r}{k}} \times \prod_{k=0}^{r} (s-k)^{(-1)^{k+1}\binom{r}{k}}$$

となる．ここで，

$$\sum_{k=0}^{r} (-1)^k \binom{r}{k} = (1-1)^r = 0$$

より

$$\zeta_{Ar}(r-s) = \prod_{k=0}^{r} (s-k)^{(-1)^{k+1}\binom{r}{k}}$$

となる．

一方，

CHAPTER 4. 絶対体

$$\zeta_{Ar}(s)^{(-1)^r} = \left(\prod_{k=0}^{r}(s-k)^{(-1)^{r-k+1}\binom{r}{k}}\right)^{(-1)^r}$$

$$= \prod_{k=0}^{r}(s-k)^{(-1)^{-k+1}\binom{r}{k}}$$

$$= \prod_{k=0}^{r}(s-k)^{(-1)^{k+1}\binom{r}{k}}$$

であるから,

$$\zeta_{Ar}(r-s) = \zeta_{Ar}(s)^{(-1)^r}$$

が成立する. [解答 1 終]

解答2 関数等式

$$N_{Ar}\left(\frac{1}{u}\right) = (-1)^r u^{-r} N_{Ar}(u)$$

を用いて証明する. 少し一般化して次を示す.

補題 多項式

$$N(u) = \sum_k m(k) u^k \in \mathbb{Z}[u]$$

に対して

$$\zeta_N(s) = \prod_k (s-k)^{-m(k)}$$

とおくと, 整数 $C = \pm 1$ と D に対して, 次の (1) (2) (3) は同値である.
(1) $N\left(\dfrac{1}{u}\right) = C \cdot u^{-D} N(u)$.
(2) $m(D-k) = C \cdot m(k)$.
(3) $\zeta_N(D-s) = (-1)^{N(1)} \zeta_N(s)^C$.

たとえば,

$$N_{Ar}\left(\frac{1}{u}\right) = (-1)^r u^{-r} N_{Ar}(u)$$

51

が成立するので，上の補題を

$$\begin{cases} C = (-1)^r, \\ D = r, \\ N_{Ar}(1) = 0 \end{cases}$$

に対して用いると関数等式

$$\zeta_{Ar}(r-s) = \zeta_{Ar}(s)^{(-1)^r}$$

を得る．

以下は補題の証明を述べる．

(1) ⇔ (2)：

$$u^D N\left(\frac{1}{u}\right) - C \cdot N(u)$$
$$= \sum_k m(k) u^{D-k} - \sum_k C \cdot m(k) u^k$$
$$= \sum_k m(D-k) u^k - \sum_k C \cdot m(k) u^k$$
$$= \sum_k (m(D-k) - C \cdot m(k)) u^k$$

から (1) ⇔ (2) がわかる．

(2) ⇔ (3)：

$$\zeta_N(D-s) = \prod_k ((D-s) - k)^{-m(k)}$$
$$= \prod_k ((D-k) - s)^{-m(k)}$$
$$= (-1)^{\sum_k m(k)} \times \prod_k (s - (D-k))^{-m(k)}$$
$$= (-1)^{N(1)} \times \prod_k (s-k)^{-m(D-k)}$$

であるから

$$\frac{\zeta_N(D-s)}{(-1)^{N(1)} \zeta_N(s)^C} = \prod_k (s-k)^{-(m(D-k) - C \cdot m(k))}.$$

よって，(2) ⇔ (3) がわかる． ［証明2終］

4.4 一元体の絶対ゼータ関数

絶対ゼータ関数の中で最も基本となる一元体の絶対ゼータ関数 $\zeta_{\mathbb{F}_1}(s)$ を計算しておきます．この計算は前節において形式的に $r=0$ とした場合と一致しています．

まず，$n \geq 2$ に対して
$$|\mathrm{Hom}(\mathbb{F}_1, \mathbb{F}_n)| = 1$$
より
$$N_{\mathbb{F}_1}(u) = 1$$
となります．よって
$$Z_{\mathbb{F}_1}(w,s) = \frac{1}{\Gamma(w)} \int_1^\infty u^{-s-1}(\log u)^{w-1} du$$
$$= s^{-w},$$
$$\zeta_{\mathbb{F}_1}(s) = \exp(-\log s) = \frac{1}{s}$$

と求まります．

問題 4.2

$\zeta_{\mathbb{F}_1}(s)$ の関数等式を求めよ．

[解答]
$$\zeta_{\mathbb{F}_1}(s) = \frac{1}{s}$$
より
$$\zeta_{\mathbb{F}_1}(-s) = -\frac{1}{s} = -\zeta_{\mathbb{F}_1}(s).$$
つまり，関数等式
$$\zeta_{\mathbb{F}_1}(-s) = -\zeta_{\mathbb{F}_1}(s)$$
を得る． [解答終]

この関数等式は，問題 4.1 において形式的に $r=0$ とした場合の
$$\zeta_{A_0}(-s) = \zeta_{A_0}(s)$$
とは，-1 倍違っていますので注意してください．なお，問題 4.1 の解答 2 の補題を $N(u)=1$ に対して使いますと，$C=1$, $D=0$, $N(1)=1$ なので
$$\zeta_N(-s) = -\zeta_N(s)$$
と正しい関数等式を得ます．

4.5　多項式代数の場合

今度は，$r=1,2,3,\cdots$ に対して，
$$B_r = \langle t_1, \cdots, t_r \rangle$$
$$= \{t_1^{m_1} \cdots t_r^{m_r} \mid m_1, \cdots, m_r = 0,1,2,3,\cdots\}$$
という絶対代数 B_r の場合——
$$B_r = \mathbb{F}_1[t_1, \cdots, t_r]$$
という 多項式代数 と書くことが多い——のときを考えておきましょう．

このときは，$n \geqq 2$ に対して全単射写像
$$\mathrm{Hom}(B_r, \mathbb{F}_n) \xrightarrow{\ 1:1\ } (\mathbb{F}_n)^r$$
$$\cup \qquad\qquad\qquad \cup$$
$$\varphi \longmapsto (\varphi(t_1), \cdots, \varphi(t_r))$$
によって
$$|\mathrm{Hom}(B_r, \mathbb{F}_n)| = n^r$$
となり，
$$N_{B_r}(u) = u^r$$
となります．したがって，絶対ゼータ関数は
$$\zeta_{B_r}(s) = \frac{1}{s-r}$$

と計算されます．たとえば
$$\zeta_{B_1}(s) = \frac{1}{s-1},$$
$$\zeta_{B_2}(s) = \frac{1}{s-2},$$
$$\zeta_{B_3}(s) = \frac{1}{s-3}$$
です．

ここで，$r = r_1 + r_2$ のときに
$$\begin{cases} B_r = B_{r_1} \times B_{r_2}, \\ N_{B_r}(u) = N_{B_{r_1}}(u) N_{B_{r_2}}(u), \\ \zeta_{B_r}(s) = \dfrac{1}{s-r} = \dfrac{1}{s-(r_1+r_2)} \end{cases}$$
が成立していることに注意しておきましょう．このように
$$\zeta_{B_{r_1}}(s) = \frac{1}{s-r_1}$$
と
$$\zeta_{B_{r_2}}(s) = \frac{1}{s-r_2}$$
から
$$\zeta_{B_r}(s) = \frac{1}{s-(r_1+r_2)}$$
を構成することは絶対テンソル積（黒川テンソル積）の最も簡単な場合となっています．少し一般的に書きますと，有理関数
$$Z_1(s) = \prod_{\alpha \in \mathbb{R}} (s-\alpha)^{-m_1(\alpha)}$$
と
$$Z_2(s) = \prod_{\beta \in \mathbb{R}} (s-\beta)^{-m_2(\beta)}$$
に対して
$$(Z_1 \otimes Z_2)(s) = \prod_{\alpha,\beta} (s-(\alpha+\beta))^{-m_1(\alpha)m_2(\beta)}$$
という形になります．次の節で A_r のときを確かめることにします．

4.6 ローラン代数の絶対テンソル積

$r_1 + r_2 = r$ のとき

$$A_{r_1} \times A_{r_2} = A_r,$$

$$N_{A_{r_1}}(u) N_{A_{r_2}}(u) = N_{A_r}(u),$$

$$\zeta_{A_{r_1}}(s) = \prod_{k_1=0}^{r_1} (s-k_1)^{(-1)^{r_1-k_1+1}\binom{r_1}{k_1}} = \prod_{\alpha}(s-\alpha)^{-m_1(\alpha)},$$

$$\zeta_{A_{r_2}}(s) = \prod_{k_2=0}^{r_2} (s-k_2)^{(-1)^{r_2-k_2+1}\binom{r_2}{k_2}} = \prod_{\beta}(s-\beta)^{-m_2(\beta)}$$

となっています.これから

$$\zeta_{A_r}(s) = \prod_{k=0}^{r} (s-k)^{(-1)^{r-k+1}\binom{r}{k}}$$

を再構成するのが絶対テンソル積(黒川テンソル積)です.

問題 4.3

$$\zeta_{A_r}(s) = \prod_{\alpha,\beta}(s-(\alpha+\beta))^{-m_1(\alpha)m_2(\beta)}$$

となることを示せ.

|解答| 右辺を $Z(s)$ とおくと,

$$Z(s) = \prod_{\substack{k_1=0,\cdots,r_1 \\ k_2=0,\cdots,r_2}} (s-(k_1+k_2))^{(-1)^{(r_1+r_2)-(k_1+k_2)+1}\binom{r_1}{k_1}\binom{r_2}{k_2}}$$

となる.ここで,$k_1+k_2=k$ のところをまとめると

$$Z(s) = \prod_{k=0}^{r}(s-k)^{(-1)^{r-k+1}C(k)},$$

$$C(k) = \sum_{k_1+k_2=k} \binom{r_1}{k_1}\binom{r_2}{k_2}$$

となる.ところで,

$$(1+x)^{r_1} = \sum_{k_1=0}^{r_1} \binom{r_1}{k_1} x^{k_1},$$

$$(1+x)^{r_2} = \sum_{k_2=0}^{r_2} \binom{r_2}{k_2} x^{k_2}$$

を掛けると

$$(1+x)^r = \left(\sum_{k_1=0}^{r_1} \binom{r_1}{k_1} x^{k_1}\right)\left(\sum_{k_2=0}^{r_2} \binom{r_2}{k_2} x^{k_2}\right)$$

$$= \sum_{k=0}^{r} C(k) x^k,$$

$$C(k) = \sum_{k_1+k_2=k} \binom{r_1}{k_1}\binom{r_2}{k_2}$$

となる.したがって,

$$C(k) = \binom{r}{k}$$

に他ならない.よって

$$Z(s) = \prod_{k=0}^{r} (s-k)^{(-1)^{r-k+1}\binom{r}{k}} = \zeta_{A_r}(s)$$

が成立する.　　　　　　　　　　　　　　　　　　　　　　　　［解答終］

▶ 4.7　ディリクレ級数型のゼータ関数

絶対代数 A に対して $\zeta_A(s)$ とは別のゼータ関数も考えることができます.ディリクレ級数型のゼータ関数としては

$$D_A(s) = \sum_{n=1}^{\infty} |\mathrm{Hom}(A, \mathbb{F}_n)| n^{-s}$$

があります.

これは井草型と呼ばれるゼータ関数の類似と見ることができます.

井草型のゼータ関数とは井草準一（1924年1月30日群馬生〜2013年11月24日米国ボルチモア没；ジョンズ・ホプキンス大学名誉教授）に因んで名付けられたゼータ関数です．それは，環 R のゼータ関数を

$$\zeta_R^{\text{Igusa}}(s) = \sum_{n=1}^{\infty} |\text{Hom}(R, \mathbb{Z}/n\mathbb{Z})| n^{-s}$$

とするものです．

たとえば，$R = \mathbb{Z}$ としますと，

$$|\text{Hom}(\mathbb{Z}, \mathbb{Z}/n\mathbb{Z})| = 1$$

ですので

$$\zeta_{\mathbb{Z}}^{\text{Igusa}}(s) = \sum_{n=1}^{\infty} n^{-s} = \zeta(s)$$

となります．また，$R = \mathbb{Z}[t_1^{\pm}, \cdots, t_r^{\pm}]$ という r 変数のローラン多項式環では

$$|\text{Hom}(\mathbb{Z}[t_1^{\pm}, \cdots, t_r^{\pm}], \mathbb{Z}/n\mathbb{Z})| = \varphi(n)^r$$

です（$\varphi(n)$ はオイラー関数）ので

$$\zeta_{\mathbb{Z}[t_1^{\pm}, \cdots, t_r^{\pm}]}^{\text{Igusa}}(s) = \sum_{n=1}^{\infty} \varphi(n)^r n^{-s}$$

となっています．さらに，$R = \mathbb{Z}[t_1, \cdots, t_r]$ という r 変数の多項式環では

$$|\text{Hom}(\mathbb{Z}[t_1, \cdots, t_r], \mathbb{Z}/n\mathbb{Z})| = n^r$$

ですので

$$\zeta_{\mathbb{Z}[t_1, \cdots, t_r]}^{\text{Igusa}}(s) = \sum_{n=1}^{\infty} n^r \cdot n^{-s} = \zeta(s-r)$$

となります．

問題 4.4

$$\zeta_{\mathbb{Z}[t^{\pm}]}^{\text{Igusa}}(s) = \frac{\zeta(s-1)}{\zeta(s)}$$

を証明せよ．

解答 $\zeta_{\mathbb{Z}[t^{\pm}]}^{\text{Igusa}}(s) = \sum_{n=1}^{\infty} \varphi(n) n^{-s}$

は，$\varphi(n)$ が乗法的関数なので，オイラー積表示

$$\zeta_{\mathbb{Z}[t^{\pm}]}^{\text{Igusa}}(s) = \prod_{p:\text{素数}} \left(\sum_{k=0}^{\infty} \varphi(p^k)p^{-ks}\right)$$

される．ここで，

$$\sum_{k=0}^{\infty} \varphi(p^k)p^{-ks} = 1 + \sum_{k=1}^{\infty}\left(1-\frac{1}{p}\right)p^k \cdot p^{-ks}$$

$$= 1 + \left(1-\frac{1}{p}\right)\frac{p^{1-s}}{1-p^{1-s}}$$

$$= \frac{1-p^{-s}}{1-p^{1-s}}$$

であるから

$$\zeta_{\mathbb{Z}[t^{\pm}]}^{\text{Igusa}}(s) = \prod_{p:\text{素数}} \frac{1-p^{-s}}{1-p^{1-s}} = \frac{\zeta(s-1)}{\zeta(s)}$$

となる． [解答終]

なお，同様な計算で

$$\zeta_{\mathbb{Z}[t_1^{\pm},t_2^{\pm}]}^{\text{Igusa}}(s) = \zeta(s-2) \times \prod_{p:\text{素数}} (1-2p^{1-s}+p^{-s})$$

$$= \zeta(s-2) \times \prod_{p:\text{素数}} \left(1-2\left(1-\frac{1}{2p}\right)p^{1-s}\right)$$

となります．この関数は $\text{Re}(s) > 1$ においては有理型関数として解析接続されますが，$\text{Re}(s) = 1$ は自然境界となります．つまり，$\text{Re}(s) \leqq 1$ へは解析接続は不可能です（黒川）．

問題 4.5

$D_{A_r}(s)$ と $D_{B_r}(s)$ を求めよ．

[解答]

(1) $|\text{Hom}(A_r, \mathbb{F}_n)| = \begin{cases} 1 & \cdots \ n=1 \\ (n-1)^r & \cdots \ n \geqq 2 \end{cases}$

より

$$D_{Ar}(s) = 1 + \sum_{n=2}^{\infty} (n-1)^r n^{-s}$$

$$= 1 + \sum_{n=1}^{\infty} (n-1)^r n^{-s}$$

$$= 1 + \sum_{n=1}^{\infty} \left(\sum_{k=0}^{r} (-1)^{r-k} \binom{r}{k} n^k \right) n^{-s}$$

$$= 1 + \sum_{k=0}^{r} (-1)^{r-k} \binom{r}{k} \left(\sum_{n=1}^{\infty} n^{-(s-k)} \right)$$

$$= 1 + \sum_{k=0}^{r} (-1)^{r-k} \binom{r}{k} \zeta(s-k).$$

よって，

$$D_{Ar}(s) = 1 + \sum_{k=0}^{r} (-1)^{r-k} \binom{r}{k} \zeta(s-k)$$

はすべての複素数 s に対して有理型の関数である．なお，極はすべて1位の極であり

$$s = r+1 \text{ (留数 1)}, \quad r, \cdots, 1$$

のみである．具体的な例は，

$$D_{A_1}(s) = 1 + \zeta(s-1) - \zeta(s),$$
$$D_{A_2}(s) = 1 + \zeta(s-2) - 2\zeta(s-1) + \zeta(s),$$
$$D_{A_3}(s) = 1 + \zeta(s-3) - 3\zeta(s-2)$$
$$+ 3\zeta(s-1) - \zeta(s)$$

となる．

(2) $\quad |\mathrm{Hom}(B_r, \mathbb{F}_n)| = n^r$

より

$$D_{Br}(s) = \sum_{n=1}^{\infty} n^r \cdot n^{-s} = \zeta(s-r)$$

となる．とくに

$$D_{\mathbb{F}_1[t_1, \cdots, t_r]}(s) = \zeta(s-r) = \zeta^{\mathrm{Igusa}}_{\mathbb{Z}[t_1, \cdots, t_r]}(s)$$

となっている．なお，極は $s = r+1$ の1位の極のみであり，留数1である． ［解答終］

CHAPTER 5
絶対ゼータ関数論

　絶対ゼータ関数は絶対数学の中心テーマです．本章は絶対ゼータ関数の 21 世紀になってからの歴史を，合同ゼータ関数からのアプローチで辿ります．

▶ 5.1　絶対ゼータ関数論の 21 世紀における歴史

　21 世紀も 15 年が過ぎましたので，今世紀を振り返るのも価値あることでしょう．とくに，急進展している絶対ゼータ関数論にとっては時期的にも適切と見えます．

　2004 年にスーレ［1］は適当なスキーム（"$\mathbb{Z}$ 係数の多変数多項式の共通零点"と考えてください）X に対して絶対ゼータ関数 $\zeta_{X/\mathbb{F}_1}(s)$ を

$$\zeta_{X/\mathbb{F}_1}(s) = \underset{p \to 1}{\text{"lim"}} \zeta_{X/\mathbb{F}_p}(s),$$

と構成しました．ここで，p は素数で，$\mathbb{F}_p$ は通常の p 元体，

$$\zeta_{X/\mathbb{F}_p}(s) = \exp\left(\sum_{m=1}^{\infty} \frac{|X(\mathbb{F}_{p^m})|}{m} p^{-ms}\right)$$

は合同ゼータ関数と呼ばれるものです．

　なお，本章では，$\mathbb{F}_{p^m}$ は通常の p^m 元体を意味しています．通常

の q 元体 $\mathbb{F}_q$ （q は素数のべき）は $(\mathbb{F}_q, \times, +)$ ですが，絶対 q 元体は $(\mathbb{F}_q, \times)$ です．

さて，上で "$\lim_{p \to 1}$" と書いたものは違和感があると思いますので，実例によって慣れてもらいましょう．$X = GL(2)$ というスキーム（代数群）を考えます．具体的には

$$X = \{(x_1, x_2, x_3, x_4, y) | (x_1 x_4 - x_2 x_3) y - 1 = 0\}$$

と定まるものです．普通の言葉では

$$X = \left\{ \begin{pmatrix} x_1 & x_2 \\ x_3 & x_4 \end{pmatrix} \middle| x_1 x_4 - x_2 x_3 : \text{"可逆"} \right\}$$

ということですが，"可逆" を

「$(x_1 x_4 - x_2 x_3) y = 1$ となる y が存在する」

とおきかえたわけです．

このとき

$$\begin{aligned}
\zeta_{GL(2)/\mathbb{F}_p}(s) &= \exp\left(\sum_{m=1}^{\infty} \frac{|GL(2, \mathbb{F}_{p^m})|}{m} p^{-ms} \right) \\
&= \exp\left(\sum_{m=1}^{\infty} \frac{(p^{2m}-1)(p^{2m}-p^m)}{m} p^{-ms} \right) \\
&= \exp\left(\sum_{m=1}^{\infty} \frac{p^{4m} - p^{3m} - p^{2m} + p^m}{m} p^{-ms} \right) \\
&= \frac{(1-p^{3-s})(1-p^{2-s})}{(1-p^{4-s})(1-p^{1-s})}
\end{aligned}$$

となります．ただし，素数べき q に対して

$$|GL(2, \mathbb{F}_q)| = (q^2 - 1)(q^2 - q)$$

を用いています．より一般には

$$|GL(n, \mathbb{F}_q)| = (q^n - 1)(q^n - q) \cdots (q^n - q^{n-1})$$

です．計算は

　　黒川信重『ガロア理論と表現論：ゼータ関数への出発』，日本評論社，2014 年

の定理 6.2A（p.169）を見てください．要点は次の通りです：

$$|GL(n,\mathbb{F}_q)|=|\{A=(\boldsymbol{a}_1\cdots\boldsymbol{a}_n)\,|\,\boldsymbol{a}_1,\cdots,\boldsymbol{a}_n\in\mathbb{F}_q^n,\,A\,\text{は正則}\}|$$

から

$$A=(\boldsymbol{a}_1\cdots\boldsymbol{a}_n)\text{ が正則行列}\Longleftrightarrow\{\boldsymbol{a}_1,\cdots,\boldsymbol{a}_n\}\text{ が }\mathbb{F}_q^n\text{ の基底}$$

を用いることによって，$A=(\boldsymbol{a}_1\cdots\boldsymbol{a}_n)$ の選び方が

$$\boldsymbol{a}_1\in\mathbb{F}_q^n-\{\boldsymbol{0}\}:q^n-1\text{ 個}$$
$$\boldsymbol{a}_2\in\mathbb{F}_q^n-\langle\boldsymbol{a}_1\rangle:q^n-q\text{ 個}$$
$$\cdots$$
$$\boldsymbol{a}_n\in\mathbb{F}_q^n-\langle\boldsymbol{a}_1,\cdots,\boldsymbol{a}_{n-1}\rangle:q^n-q^{n-1}\text{ 個}$$

より求めるものは $(q^n-1)(q^n-q)\cdots(q^n-q^{n-1})$ 通りとわかり，

$$|GL(n,\mathbb{F}_q)|=(q^n-1)(q^n-q)\cdots(q^n-q^{n-1})$$

となります．

さて，一般に $q\in\mathbb{R}_{>0}-\{1\}$ に対して

$$[x]_q=\frac{1-q^x}{1-q}$$

という「q 類似」の記号を使うことにしますと，

$$\zeta_{GL(2)/\mathbb{F}_p}(s)=\frac{[s-3]_{p^{-1}}[s-2]_{p^{-1}}}{[s-4]_{p^{-4}}[s-1]_{p^{-1}}}$$

となります．すると，一般に

$$\lim_{q\to 1}[x]_q=x$$

ですので，

$$\lim_{p\to 1}\zeta_{GL(2)/\mathbb{F}_p}(s)=\frac{(s-3)(s-2)}{(s-4)(s-1)}$$

となり，絶対ゼータ関数が

$$\zeta_{GL(2)/\mathbb{F}_1}(s)=\frac{(s-3)(s-2)}{(s-4)(s-1)}$$

と求まります．

このタイプの計算は一般の $X=GL(n)$ でも多少複雑になりますが行うことができますし，もっと一般のスキーム X にも拡張可能です．たとえば，すべての素数べき q に対して

$$N_X(q)=|X(\mathbb{F}_q)|$$

となるような多項式
$$N_X(u) \in \mathbb{Z}[u]$$
が存在するようなスキーム X の場合には
$$N_X(u) = \sum_k a(k) u^k$$
と展開しておきますと
$$\zeta_{X/\mathbb{F}_q}(s) = \exp\left(\sum_{m=1}^{\infty} \frac{N(p^m)}{m} p^{-ms}\right)$$
$$= \prod_k \exp\left(\sum_{m=1}^{\infty} \frac{(p^k)^m}{m} p^{-ms}\right)^{a(k)}$$
$$= \prod_k (1 - p^{-(s-k)})^{-a(k)}$$

となります.

ここで，さらに
$$N_X(1) = \sum_k a(k) = 0$$
と仮定しますと——この仮定は黒川 [2] の通り，X のオイラー・ポアンカレ標数 $\chi(X)$ が 0 ということと同じです——
$$\zeta_{X/\mathbb{F}_p} = \prod_k \left(\frac{1 - p^{-(s-k)}}{1 - p^{-1}}\right)^{-a(k)} = \prod_k [s-k]_{p^{-1}}^{-a(k)}$$
と書けます．したがって，
$$\zeta_{X/\mathbb{F}_1}(s) = \lim_{p \to 1} \prod_k [s-k]_{p^{-1}}^{-a(k)} = \prod_k (s-k)^{-a(k)}$$

という有理関数になります．もっとも，個別の場合には，この係数 $a(k)$ をより明示的に求めないといけませんが．

ところで，
$$『N_X(1) = 0 \text{ つまり } \chi(X) = 0』$$
という条件が満たされない場合にはどうしたら良いでしょうか？

その代表的な例は射影空間 $\mathbb{P}^n$ です．このときは
$$|\mathbb{P}^n(\mathbb{F}_q)| = q^n + q^{n-1} + \cdots + 1 = \frac{q^{n+1} - 1}{q - 1}$$
ですので

$$N_{\mathbb{P}^n}(u) = u^n + u^{n-1} + \cdots + 1 = \frac{u^{n+1}-1}{u-1}$$

が対応する多項式です．合同ゼータ関数は

$$\zeta_{\mathbb{P}^n/\mathbb{F}_p}(s) = \exp\left(\sum_{m=1}^{\infty} \frac{(p^n)^m + (p^{n-1})^m + \cdots + 1}{m} p^{-ms}\right)$$
$$= \frac{1}{(1-p^{n-s})(1-p^{n-1-s})\cdots(1-p^{-s})}$$

となります．ここで，$p \to 1$ とするとどう見ても発散してしまいます．ちなみに，今の場合オイラー・ポアンカレ標数は

$$\chi(\mathbb{P}^n) = N_{\mathbb{P}^n}(1) = n+1 > 0$$

です．

ついでに，射影空間 $\mathbb{P}^n$ を少し一般化したグラスマン多様体 $Gr(n,m)$（n 次元線形空間内の m 次元線形部分空間全体）を考えることもできます：

$$\mathbb{P}^n = Gr(n+1, 1).$$

グラスマン多様体 $Gr(n,m)$ に対する $N_{Gr(n,m)}(u)$ は

$$N_{Gr(n,m)}(u) = \frac{(u^n-1)(u^{n-1}-1)\cdots(u^{n-m+1}-1)}{(u^m-1)(u^{m-1}-1)\cdots(u-1)}$$

という多項式（有理関数に見えますが分母は分子を割り切るため多項式になっています）です．$\mathbb{P}^n$ の場合と同様に

$$\chi(Gr(n,m)) = N_{Gr(n,m)}(1) = \binom{n}{m} > 0$$

となっていて，素直には

$$\lim_{p \to 1} \zeta_{Gr(n,m)/\mathbb{F}_p}(s) = \infty$$

です．

2010 年代になって，コンヌとコンサニ（[3]，[4]）は

$$\zeta_{X/\mathbb{F}_1}(s) = \exp\left(\int_1^{\infty} \frac{N_X(u) u^{-s-1}}{\log u} du\right)$$

という積分で定義することを提案しました．これは $N_{X/\mathbb{F}_1}(1) = 0$ のときには確かに

$$\zeta_{X/\mathbb{F}_1}(s) = \lim_{p \to 1} \zeta_{X/\mathbb{F}_p}(s)$$

をみたしていますが，$N_X(1) \neq 0$ のときには $u = 1$ のところで積分が発散してしまいます．

この状況を改善したのは

黒川信重『現代三角関数論』岩波書店，2013年

です．また，論文としては黒川・落合 [5] です．

それは，

$$\zeta_{X/\mathbb{F}_1}(s) = \exp\left(\frac{\partial}{\partial w} Z_{X/\mathbb{F}_1}(w, s)\bigg|_{w=0}\right),$$

$$Z_{X/\mathbb{F}_1}(w, s) = \frac{1}{\Gamma(w)} \int_1^\infty N_X(u) u^{-s-1} (\log u)^{w-1} du$$

という"ゼータ正規化"を行うことにしたのです．

問題 5.1

ゼータ正規化によって

$$\zeta_{\mathbb{P}^n/\mathbb{F}_1}(s) = \frac{1}{(s-n)(s-(n-1))\cdots(s-1)s}$$

を示せ．

解答

$$N_{\mathbb{P}^n}(u) = u^n + u^{n-1} + \cdots + 1$$

であるから

$$Z_{\mathbb{P}^n/\mathbb{F}_1}(w, s) = \frac{1}{\Gamma(w)} \int_1^\infty (u^n + u^{n-1} + \cdots + 1) u^{-s-1} (\log u)^{w-1} du$$

となる．ここで

$$\frac{1}{\Gamma(w)} \int_1^\infty u^k \cdot u^{-s-1} (\log u)^{w-1} du = (s-k)^{-w}$$

となることが第 4 章（4.2 節）の計算からわかっているので

$$\zeta_{\mathbb{P}^n/\mathbb{F}_1}(s) = \exp\left(\frac{\partial}{\partial w}\sum_{k=0}^{n}(s-k)^{-w}\bigg|_{w=0}\right)$$
$$= \exp\left(-\sum_{k=0}^{n}\log(s-k)\right)$$
$$= \prod_{k=0}^{n}\frac{1}{s-k}$$

と求まる. [解答終]

これで「歴史」は終りです.

5.2 絶対ゼータ関数の関数族

いま,円分多項式に基づいて
$$\mathbb{K} = \left\{ N(u) \in \mathbb{Q}(u) \,\middle|\, \begin{array}{l} N(u) = u^l\dfrac{(u^{m(1)}-1)\cdots(u^{m(a)}-1)}{(u^{n(1)}-1)\cdots(u^{n(b)}-1)}, \\ l\in\mathbb{Z},\ m(i),\ n(j)\in\mathbb{Z}_{>0},\ a,b\geqq 0 \end{array} \right\}$$

とおきます. $N(u)\in\mathbb{K}$ に対して
$$\zeta_N(s) = \exp\left(\frac{\partial}{\partial w}Z_N(w,s)|_{w=0}\right),$$
$$Z_N(w,s) = \frac{1}{\Gamma(w)}\int_1^\infty N(u)u^{-s-1}(\log u)^{w-1}du$$

と構成しますと, 前節で述べた例 $N_X(u)$ はすべて含まれています. たとえば:

(1) $\zeta_{GL(n)/\mathbb{F}_1}(s) = \zeta_{N_{GL(n)}}(s)$,

$N_{GL(n)}(u) = u^{\frac{n(n-1)}{2}}(u^1-1)(u^2-1)\cdots(u^n-1)$.

(2) $\zeta_{SL(n)/\mathbb{F}_1}(s) = \zeta_{N_{SL(n)}}(s)$,

$N_{SL(n)}(u) = u^{\frac{n(n-1)}{2}}(u^2-1)\cdots(u^n-1)$.

(3) $\zeta_{\mathbb{P}^n/\mathbb{F}_1}(s) = \zeta_{N_{\mathbb{P}^n}}(s)$,

$$N_{\mathbb{P}^n}(u) = \frac{u^{n+1}-1}{u-1}.$$

(4) $\zeta_{Gr(n,m)/\mathbb{F}_1}(s) = \zeta_{N_{Gr(n,m)}}(s),$

$$N_{Gr(n,m)}(u) = \frac{(u^n-1)\cdots(u^{n-m+1}-1)}{(u^m-1)\cdots(u-1)}.$$

このようにして,

$$\zeta(\mathbb{K}) = \{\zeta_N(s) \mid N \in \mathbb{K}\}$$

とおきますと

$$\{\zeta_{X/\mathbb{F}_1}(s) \mid X : 適当なスキーム\} \subset \zeta(\mathbb{K})$$

なので, $\zeta(\mathbb{K})$ を調べれば充分です.

ここで, 次の点を注意しておきます. $\mathbb{K}$ の元 $N_1(u), N_2(u)$ に対して

$$(N_1 \otimes N_2)(u) = N_1(u) N_2(u)$$

と定義しますと, $(\mathbb{K}, \otimes)$ は群(絶対体)になります. 単位元は $N_0(u) = 1$ です. これに対応して $\zeta(\mathbb{K})$ に引き起こされる群演算が「絶対テンソル積・黒川テンソル積」です. 単位元は

$$\zeta_{N_0}(s) = \frac{1}{s}$$

です.

問題 5.2

(1) $N_1(u) = u - 1 \in \mathbb{K}$ に対して $\zeta_{N_1}(s)$ を計算せよ.

(2) $N_2(u) = \dfrac{1}{u-1} \in \mathbb{K}$ に対して $\zeta_{N_2}(s)$ を計算せよ.

(3) $(\zeta_{N_1} \otimes \zeta_{N_2})(s) = \dfrac{\zeta_{N_2}(s-1)}{\zeta_{N_2}(s)} = \dfrac{1}{s} = \zeta_{N_0}(s)$

を示せ.

解答

(1) $Z_{N_1}(w,s) = \dfrac{1}{\Gamma(w)} \displaystyle\int_1^\infty (u-1) u^{-s-1} (\log u)^{w-1} du$

$= (s-1)^{-w} - s^{-w}$

より

$$\zeta_{N_1}(s) = \frac{s}{s-1}.$$

(2) $Z_{N_2}(w,s) = \dfrac{1}{\Gamma(w)} \displaystyle\int_1^\infty \dfrac{u^{-s}}{u-1} (\log u)^{w-1} \dfrac{du}{u}$

において $u = e^t$ とおきかえると

$$Z_{N_2}(w,s) = \frac{1}{\Gamma(w)} \int_0^\infty \frac{e^{-st} t^{w-1}}{e^t - 1} dt$$

$$= \frac{1}{\Gamma(w)} \int_0^\infty \left(\sum_{n=1}^\infty e^{-(s+n)t} \right) t^{w-1} dt$$

$$= \sum_{n=1}^\infty (s+n)^{-w}$$

となる．これはフルビッツゼータ関数であり，レルヒの公式により

$$\left. \frac{\partial}{\partial w} Z_{N_2}(w,s) \right|_{w=0} = \log\left(\frac{\Gamma(s+1)}{\sqrt{2\pi}} \right)$$

となる．（詳しくは，黒川『現代三角関数論』岩波書店，2013年を参照．）

したがって

$$\zeta_{N_2}(s) = \frac{\Gamma(s+1)}{\sqrt{2\pi}}$$

となる．

(3) 上の計算より

$$\frac{\zeta_{N_2}(s-1)}{\zeta_{N_2}(s)} = \frac{\Gamma(s)}{\Gamma(s+1)} = \frac{1}{s}$$

なので

$$(\zeta_{N_1} \otimes \zeta_{N_2})(s) = \frac{1}{s} = \zeta_{N_0}(s).$$ ［解答終］

5.3 部分族 $\mathbb{K}_0$

前節の問題で計算した通り,$N(u) \in \mathbb{K}$ が多項式でないときは,$\zeta_N(s)$ としてガンマ関数も出てきます.一般には多重ガンマ関数になります.それは,第 10 章で改めて述べることにします.

ここでは,わかりやすい多項式の場合に計算しておきます.そこで,

$$\mathbb{K}_0 = \left\{ N(u) \in \mathbb{Z}[u] \middle| \begin{array}{l} N(u) = u^l(u^{m(1)}-1)\cdots(u^{m(a)}-1) \\ l \in \mathbb{Z}_{\geq 0}, \quad m(i) \in \mathbb{Z}_{>0}, \quad a \geq 0 \end{array} \right\}$$

とおくことにします.すると $(\mathbb{K}_0, \otimes)$ や $(\mathscr{E}(\mathbb{K}_0), \otimes)$ はモノイド(単圏,絶対代数)になります.また,$N(u) \in \mathbb{K}_0$ に対して

$$\chi(N) = N(1)$$

をオイラー・ポアンカレ標数と呼びます.今の場合は

$$\chi(N) = \begin{cases} 1 & \cdots a = 0 \\ 0 & \cdots a \geq 1 \end{cases}$$

です.さらに,

『(有理型)関数 $Z(s)$ がリーマン予想をみたす

$\iff Z(s)$ の零点と極の実部は $\frac{1}{2}\mathbb{Z}$ に属する』

と定義しておきます.

次の定理 5.1 は絶対ゼータ関数の計算の良い練習となります.簡単な場合ですので,構成をよく理解するのに最適です.一般化は第 10 章の定理 10.1 で行います.そちらでは,多重ガンマ関数と多重三角関数が必要となります.

定理 5.1

$\mathbb{K}_0$ の元
$$N(u) = u^l(u^{m(1)}-1)\cdots(u^{m(a)}-1)$$
に対して次が成立する.

(1) $\zeta_N(s)$ は有理関数.

(2) $\zeta_N(s)$ は $s = \deg(N)$ において 1 位の極をもち, $\mathrm{Re}(s) > \deg(N)$ においては正則であり, そこに零点はない.

(3) $\zeta_N(s)$ は関数等式
$$\zeta_N(\deg(N)+l-s) = (-1)^{\chi(N)}\zeta_N(s)^{(-1)^a}$$
をみたす.

(4) $\zeta_N(s)$ はリーマン予想をみたす.

[証明]

(1) $N(u) = \displaystyle\sum_{k=0}^{\deg(N)} c(k) u^k$

と展開すると
$$Z_N(w,s) = \frac{1}{\Gamma(w)} \int_1^\infty \left(\sum_k c(k) u^k\right) u^{-s-1} (\log u)^{w-1} du$$
$$= \sum_k c(k)(s-k)^{-w}$$

より, $\zeta_N(s)$ は
$$\zeta_N(s) = \prod_{k=0}^{\deg(N)} (s-k)^{-c(k)}$$
という有理関数となる.

(2) $N(u)$ は, 次数
$$\deg(N) = l + \sum_{i=1}^a m(i),$$
最高次の係数
$$c(\deg(N)) = 1$$
の多項式であるから, (1) の計算より

$$\zeta_N(s) = \frac{1}{s - \deg(N)} \times \prod_{k=0}^{\deg(N)-1} (s-k)^{-c(k)}$$

となる.よって,$\zeta_N(s)$ は $s = \deg(N)$ において1位の極をもち,$\mathrm{Re}(s) > \deg(N)$ においては極も零点ももたない.同時に,$\mathrm{Re}(s) > \deg(N) - 1$ における極は $s = \deg(N)$ のみであり,零点はないこともわかる.

(3)
$$N\left(\frac{1}{u}\right) = \left(\frac{1}{u}\right)^l \left(\left(\frac{1}{u}\right)^{m(1)} - 1\right) \cdots \left(\left(\frac{1}{u}\right)^{m(a)} - 1\right)$$
$$= (-1)^a u^{-(2l + \sum_{i=1}^{a} m(i))} N(u)$$
$$= (-1)^a u^{-(\deg(N) + l)} N(u)$$

なので,第4章(4.3節,補題)より関数等式
$$\zeta_N(\deg(N) + l - s) = (-1)^{\chi(N)} \zeta_N(s)^{(-1)^a}$$
が成立する.

(4) $\zeta_N(s)$ の極と零点は $\{0, 1, \cdots, \deg(N)\}$ に属しているのでリーマン予想をみたす. [証明終]

問題5.3

次を証明せよ.

(1) $\zeta_{GL(n)/\mathbb{F}_1}(s)$ は有理関数で,$s = n^2$ において1位の極をもち,関数等式
$$\zeta_{GL(n)/\mathbb{F}_1}\left(\frac{n(3n-1)}{2} - s\right) = \zeta_{GL(n)/\mathbb{F}_1}(s)^{(-1)^n}$$
とリーマン予想をみたす.

(2) $\zeta_{SL(n)/\mathbb{F}_1}(s)$ は有理関数であり,$s = n^2 - 1$ において1位の極をもち,関数等式
$$\zeta_{SL(n)/\mathbb{F}_1}\left(\frac{n(3n-1)}{2} - 1 - s\right) = \zeta_{SL(n)/\mathbb{F}_1}(s)^{(-1)^{n-1}}$$
とリーマン予想をみたす.

解答 定理5.1を使えばよい.

(1) では
$$N_{GL(n)}(u) = u^{\frac{n(n-1)}{2}}(u-1)(u^2-1)\cdots(u^n-1),$$
$$\deg(N) = n^2,$$
$$\deg(N) + l = \frac{n(3n-1)}{2},$$
$$a = n.$$

(2) では
$$N_{SL(n)}(u) = u^{\frac{n(n-1)}{2}}(u^2-1)\cdots(u^n-1),$$
$$\deg(N) = n^2-1,$$
$$\deg(N) + l = \frac{n(3n-1)}{2} - 1,$$
$$a = n-1. \qquad \text{［解答終］}$$

例 $\zeta_{GL(1)/\mathbb{F}_1}(s) = \dfrac{s}{s-1} : \zeta_{GL(1)/\mathbb{F}_1}(1-s) = \zeta_{GL(1)/\mathbb{F}_1}(s)^{-1}.$

$\zeta_{GL(2)/\mathbb{F}_1}(s) = \dfrac{(s-3)(s-2)}{(s-4)(s-1)} : \zeta_{GL(2)/\mathbb{F}_1}(5-s) = \zeta_{GL(2)/\mathbb{F}_1}(s).$

$\zeta_{GL(3)/\mathbb{F}_1}(s) = \dfrac{(s-8)(s-7)(s-3)}{(s-9)(s-5)(s-4)} : \zeta_{GL(3)/\mathbb{F}_1}(12-s) = \zeta_{GL(3)/\mathbb{F}_1}(s)^{-1}.$

$\zeta_{SL(2)/\mathbb{F}_1}(s) = \dfrac{s-1}{s-3} : \zeta_{SL(2)/\mathbb{F}_1}(4-s) = \zeta_{SL(2)/\mathbb{F}_1}(s)^{-1}.$

$\zeta_{SL(3)/\mathbb{F}_1} = \dfrac{(s-6)(s-5)}{(s-8)(s-3)} : \zeta_{SL(3)/\mathbb{F}_1}(11-s) = \zeta_{SL(3)/\mathbb{F}_1}(s).$

ここで，$\dfrac{n(3n-1)}{2} = 1, 5, 12, \cdots$ は五角数．

5.4 特別な場合

ここでは，あとでの議論の練習も兼ねて，ある特別な場合をやっておきます．それは，自然数 $m, n \geq 1$ に対して
$$N(u) = \frac{u^m - 1}{u^n - 1} \in \mathbb{K}$$
の場合です．

以下で，正規化された（多重）ガンマ関数と（多重）三角関数の記号を用いますが

黒川『現代三角関数論』岩波書店，2013 年

を読み込んでいただければ簡単です．差し当たってここで必要になるものは，$a>0$ に対して

$$\Gamma_1(s,(a)) = \frac{\Gamma\left(\frac{s}{a}\right)}{\sqrt{2\pi}} a^{\frac{s}{a}-\frac{1}{2}},$$

$$S_1(s,(a)) = \Gamma_1(s,(a))^{-1} \Gamma_1(a-s,(a))^{-1}$$
$$= 2\sin\left(\frac{\pi s}{a}\right)$$

です．ここで，$\Gamma(s)$ は普通のガンマ関数です．

定理 5.2 自然数 $m, n \geq 1$ に対して

$$N(u) = \frac{u^m - 1}{u^n - 1}$$

とすると，次が成り立つ．

(1) $\zeta_N(s) = \dfrac{\Gamma_1(s+n-m,(n))}{\Gamma_1(s+n,(n))}$.

(2) $\zeta_N(s)$ は $s = \deg(N) = m-n$ における 1 位の極をもつ．

(3) $\zeta_N(s)$ は関数等式

$$\zeta_N(m-n-s) = \zeta_N(s)\,\varepsilon_N(s)$$

をもつ．ここで

$$\varepsilon_N(s) = -\cot\left(\pi\frac{s}{n}\right)\sin\left(\pi\frac{m}{n}\right) + \cos\left(\pi\frac{m}{n}\right).$$

(4) $\zeta_N(s)$ はリーマン予想をみたす．

(5) 次は同値である：

　(a) n は m の約数．

　(b) $\varepsilon_N(s) = (-1)^{\chi(N)} = (-1)^{\frac{m}{n}}$.

　(c) $\zeta_N(s)$ は有理関数．

[証明]

(1) $Z_N(w,s) = \dfrac{1}{\Gamma(w)} \displaystyle\int_1^\infty \dfrac{u^m-1}{u^n-1} u^{-s-1}(\log u)^{w-1} du$

$\quad\quad\quad\quad = \dfrac{1}{\Gamma(w)} \displaystyle\int_1^\infty \dfrac{u^{-(s+n-m)} - u^{-(s+n)}}{1-u^{-n}} (\log u)^{w-1} \dfrac{du}{u}$

$\quad\quad\quad\quad = \zeta_1(w, s+n-m, (n)) - \zeta_1(w, s+n, (n))$

となる．ただし，
$$\zeta_1(w, x, (a)) = \sum_{k=0}^\infty (x+ka)^{-w}$$

はフルビッツゼータ関数である．

よって，レルヒの公式から
$$\zeta_N(s) = \dfrac{\Gamma_1(s+n-m, (n))}{\Gamma_1(s+n, (n))}$$

を得る．

(2) $\Gamma_1(s+n-m, (n))$ は $s=m-n$ に 1 位の極をもち，$\mathrm{Re}(s) > m-n$ には極も零点もない．また，$\Gamma_1(s+n, (n))$ は $\mathrm{Re}(s) > -n$ には極も零点ももたない．したがって，$\zeta_N(s)$ は $s=m-n$ に 1 位の極をもち，$\mathrm{Re}(s) > m-n$ には極も零点もない．

(3) $\quad\quad\quad \varepsilon_N(s) = \dfrac{\zeta_N(m-n-s)}{\zeta_N(s)}$

とおくと (1) より

$\varepsilon_N(s) = \dfrac{\Gamma_1(s+n, (n))}{\Gamma_1(s+n-m, (n))} \cdot \dfrac{\Gamma_1(-s, (n))}{\Gamma_1(m-s, (n))}$

$\quad\quad = \dfrac{S_1(s+n-m, (n))}{S_1(s+n, (n))}$

$\quad\quad = \dfrac{\sin\left(\pi \cdot \dfrac{s+n-m}{n}\right)}{\sin\left(\pi \cdot \dfrac{s+n}{n}\right)}$

$\quad\quad = \dfrac{\sin\left(\pi \dfrac{s-m}{n}\right)}{\sin\left(\pi \dfrac{s}{n}\right)}$

$\quad\quad = -\cot\left(\pi \dfrac{s}{n}\right) \sin\left(\pi \dfrac{m}{n}\right) + \cos\left(\pi \dfrac{m}{n}\right)$

となる.

(4) (1) の表示より $\zeta_N(s)$ の零点と極は $\mathbb{Z}$ に属するため, リーマン予想をみたす.

(5) (a) $\Rightarrow$ (b): $n|m$ とすると $\sin\left(\pi\dfrac{m}{n}\right)=0$ より
$$\varepsilon_N(s)=\cos\left(\pi\dfrac{m}{n}\right)=(-1)^{\frac{m}{n}}=(-1)^{\chi(N)}.$$

(b) $\Rightarrow$ (c): $\varepsilon_N(s)$ が定数になることから
$$\sin\left(\pi\dfrac{m}{n}\right)=0.$$

よって, $n|m$. したがって, $N(u)$ は多項式.

よって, $\zeta_N(s)$ は有理関数.

(c) $\Rightarrow$ (a): $\zeta_N(s)$ が有理関数なら $\varepsilon_N(s)$ は有理関数.

よって, $\sin\left(\pi\dfrac{m}{n}\right)=0$. したがって, $n|m$. [証明終]

注意 問題 5.1 の別の解法:

$N_{\mathbb{P}^n}(u)=\dfrac{u^{n+1}-1}{u-1}$ に上の (1) を用いると

$$\zeta_{\mathbb{P}^n/\mathbb{F}_1}(s)=\zeta_{N_{\mathbb{P}^n}}(s)=\dfrac{\Gamma_1(s-n)}{\Gamma_1(s+1)}$$
$$=\dfrac{\Gamma(s-n)}{\Gamma(s+1)}=\dfrac{1}{(s-n)\cdots s}.$$

文献

[1] C.Soulé "Les variétés sur le corps à un élément", Moscow Math. J. 4 (2004) 217-244.

[2] N.Kurokawa "Zeta functions over $\mathbb{F}_1$ ", Proc. Japan Acad. **81A** (2005) 180-184.

[3] A.Connes and C.Consani "Schemes over $\mathbb{F}_1$ and zeta functions", Compositio Math. **146** (2010) 1383-1415.

[4] A.Connes and C.Consani "Characteristic 1, entropy and the absolute point" Proceedings of the JAMI Conf. 2009, "Noncommutative Geometry, Arithmetic and Related Topics", Johns Hopkins Univ.Press (2011) 75-139.

[5] N.Kurokawa and H.Ochiai "Dualities for absolute zeta functions and multiple gamma functions", Proc. Japan Acad. **89A** (2013) 75-79.

CHAPTER 6
絶対線形代数

　ここのところ，ちょっと計算が続きましたので，絶対線形代数で息抜きをしましょう．数学において線形代数は基本ですが，絶対数学においても絶対線形代数は基本中の基本です．しかも，普通の線形代数より簡単で楽しいものです．

　絶対数学の目的は数学を単純にすることです．残念ながら，現代数学では，とかく複雑そうに見えることを重要と考える傾向が強く，論文もそのように評価され，多くの人がその方向を目指して破滅しています．

　まずは，通常の線形代数の話を振り返ることからはじめます．

6.1　線形代数

　「線形代数学」は大学の数学教程では「微分積分学」と並んで1年生のときに扱われるものになっています．

　具体的な話は，体 K 上の n 次元ベクトル空間 K^n からはじまります．普通は K として複素数体 $\mathbb{C}$ や実数体 $\mathbb{R}$ をとっていますが，ここでは単に体 K としておきます．n 次元ベクトル空間 K^n は

$$K^n = \left\{ \boldsymbol{x} = \begin{pmatrix} x_1 \\ \vdots \\ x_n \end{pmatrix} \middle| x_1, \cdots, x_n \in K \right\}$$

という縦（タテ）ベクトルの集合として書く場合が多いですが，

$$K^n = \{ \boldsymbol{x} = (x_1, \cdots, x_n) | x_1, \cdots, x_n \in K \}$$

という横（ヨコ）ベクトルの集合と書く場合もあります．

線形写像

$$f : K^n \longrightarrow K^m$$

は

$$\begin{cases} (1) & f(\boldsymbol{x}+\boldsymbol{y}) = f(\boldsymbol{x}) + f(\boldsymbol{y}) \quad (\boldsymbol{x}, \boldsymbol{y} \in K^n) \\ (2) & f(a\boldsymbol{x}) = af(\boldsymbol{x}) \quad\quad\quad (\boldsymbol{x} \in K^n, a \in K) \end{cases}$$

をみたすもののことです．そのような $f(\boldsymbol{x})$ はある (m, n) 型行列

$$C = \begin{pmatrix} c_{11} & \cdots & c_{1n} \\ \vdots & & \vdots \\ c_{m1} & \cdots & c_{mn} \end{pmatrix} \in M_{m,n}(K)$$

によって

$$f(\boldsymbol{x}) = C\boldsymbol{x}$$

と書けることがわかります．C を見るには，

$$\boldsymbol{e}_1 = \begin{pmatrix} 1 \\ 0 \\ \vdots \\ 0 \end{pmatrix}, \boldsymbol{e}_2 = \begin{pmatrix} 0 \\ 1 \\ \vdots \\ 0 \end{pmatrix}, \cdots, \boldsymbol{e}_n = \begin{pmatrix} 0 \\ 0 \\ \vdots \\ 1 \end{pmatrix}$$

に対して（$\{\boldsymbol{e}_1, \cdots, \boldsymbol{e}_n\}$ は K^n の「基底」になっています）

$$f(\boldsymbol{e}_1) = \boldsymbol{c}_1, f(\boldsymbol{e}_2) = \boldsymbol{c}_2, \cdots, f(\boldsymbol{e}_n) = \boldsymbol{c}_n$$

とおいたときに

$$C = (\boldsymbol{c}_1, \cdots, \boldsymbol{c}_n) = (f(\boldsymbol{e}_1), \cdots, f(\boldsymbol{e}_n))$$

となります．

さらに，K^n を一般化して，K 上の（抽象）線形空間 V が導入され，「基底」や「次元」が定義されます．次元公式は面白いですので書いておきましょう．

次元公式

線形空間 V の有限次元線形部分空間 W_1, W_2 に対して
$$\dim(W_1 + W_2) + \dim(W_1 \cap W_2) = \dim(W_1) + \dim(W_2).$$

[証明]（スケッチ）
$W_1 \cap W_2$ の基底 $\{z_1, \cdots, z_\ell\}$ を拡大して
W_1 の基底 $X = \{z_1, \cdots, z_\ell, x_1, \cdots, x_m\}$
W_2 の基底 $Y = \{z_1, \cdots, z_\ell, y_1, \cdots, y_n\}$
を構成すると
$$X \cup Y = \{x_1, \cdots, x_m, y_1, \cdots, y_n, z_1, \cdots, z_\ell\}$$
が $W_1 + W_2$ の基底となることがわかる．

すると，
$$\dim(W_1) = |X| = \ell + m,$$
$$\dim(W_2) = |Y| = \ell + n,$$
$$\dim(W_1 + W_2) = |X \cup Y| = \ell + m + n,$$
$$\dim(W_1 \cap W_2) = |X \cap Y| = \ell$$
より
$$\dim(W_1 + W_2) + \dim(W_1 \cap W_2) = \dim(W_1) + \dim(W_2)$$
が成立する． [証明終]

要点は，有限集合 X, Y に対して
$$|X \cup Y| + |X \cap Y| = |X| + |Y|$$
となるというベン図からわかる計算です．

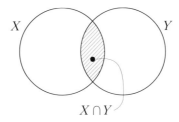

$X \cap Y$

ちなみに，ベン図（答案で"便図"と書いた学生もいました――たしかに，便利な図ですが…）とはイギリスの数学者ジョン・ベン（John Venn, 1834 年 8 月 4 日～ 1923 年 4 月 4 日）が 1880 年の 3 つの論文で発明した表示法です：

(1) J.Venn "On the diagrammatic and mechanical representation of propositions and reasonings" Phil. Mag.（Series 5）**10**（1880）1-18.

(2) J.Venn "On the various notations adopted for expressing the common propositions of logic" Proc. Camb. Philos. Society 1880, p.36-p.47.

(3) J.Venn "On the employment of geometrical diagrams for the sensible representation of logical propositions" Proc. Camb. Philos. Society 1880, p.47-p.59.

6.2 グラスマン多様体

線形代数の発展として重要な問題に n 次元線形空間内の m 次元線形空間全体が作るグラスマン多様体 $Gr(n,m)$ の話があります．たとえば，n 次元射影空間 $\mathbb{P}^n$ は $n+1$ 次元線形空間内の 1 次元線形空間（原点を通る直線）全体が作るグラスマン多様体 $Gr(n+1,1)$ です．

特別な場合として，K を有限体 $\mathbb{F}_q$ としたときの有理点の個数の計算

$$|Gr(n,m)(\mathbb{F}_q)| = \frac{(q^n-1)(q^{n-1}-1)\cdots(q^{n-m+1}-1)}{(q^m-1)(q^{m-1}-1)\cdots(q-1)}$$

$$= \frac{[n]_q[n-1]_q\cdots[n-m+1]_q}{[m]_q[m-1]_q\cdots[1]_q}$$

$$= \frac{[n]_q!}{[m]_q![n-m]_q!}$$

$$= \begin{bmatrix} n \\ m \end{bmatrix}_q$$

も有名なものです.ただし,

$$[n]_q = \frac{q^n-1}{q-1} = q^{n-1}+q^{n-2}+\cdots+1,$$

$$[n]_q! = [n]_q\cdot[n-1]_q\cdots\cdots[1]_q,$$

$$\begin{bmatrix} n \\ m \end{bmatrix}_q = \frac{[n]_q!}{[m]_q![n-m]_q!}$$

です.とくに

$$\lim_{q\to 1}|Gr(n,m)(\mathbb{F}_q)| = \binom{n}{m}$$

となり,これが $Gr(n,m)$ のオイラー・ポアンカレ標数

$$\chi(Gr(n,m)) = |Gr(n,m)(\mathbb{F}_1)| = \binom{n}{m}$$

です.これらは,グラスマン多様体の絶対ゼータ関数の話(第5章,5.1節)でも出てきました.

6.3 絶対次元公式

$$\mathbf{Mod}(\mathbb{F}_1) = \mathbf{Set}$$
$$\mathbb{F}_1^{(X)} \longleftrightarrow X$$

を基にして,絶対次元公式を考えると次の通りです.ただし,$\mathbb{F}_1^{(X)}$ は「X によって張られる $\mathbb{F}_1$ ベクトル空間」ですが,X と同一視し

た上で,
$$\dim(\mathbb{F}_1^{(X)}) = |X|$$
とします.

> **定理 6.1** ［絶対次元公式］
> 有限集合 X, Y に対して
> $$\dim(\mathbb{F}_1^{(X \cup Y)}) + \dim(\mathbb{F}_1^{(X \cap Y)})$$
> $$= \dim(\mathbb{F}_1^{(X)}) + \dim(\mathbb{F}_1^{(Y)}).$$

［証明］
$$左辺 = |X \cup Y| + |X \cap Y|,$$
$$右辺 = |X| + |Y|$$
なので等号が成立する. ［証明終］

注意 $W_1 = \mathbb{F}_1^{(X)}$, $W_2 = \mathbb{F}_1^{(Y)}$ とすると
$$W_1 + W_2 = \mathbb{F}_1^{(X \cup Y)},$$
$$W_1 \cap W_2 = \mathbb{F}_1^{(X \cap Y)}$$
です.

6.4 絶対線形写像

前節と同じく,
$$\mathbf{Mod}(\mathbb{F}_1) = \mathbf{Set}$$
$$\mathbb{F}_1^{(X)} \longleftrightarrow X$$
を基にして

『写像 $\varphi: \{1, \cdots, n\} \to \{1, \cdots, m\}$ を行列表示せよ』

という問題を考えてみましょう.

一応は，置換行列
$$M(\varphi) = (\delta_{i\varphi(j)})_{j=1,\cdots,n}^{i=1,\cdots,m}$$
と考えることができるでしょうね．

しかし，このときは
$$M(\varphi) \in M_{m,n}(\mathbb{F}_1)$$
となっているでしょうか？　ここでは，$0 \notin \mathbb{F}_1$ としてますし，どうしたら良いでしょう．それを次節から考えます．

6.5　絶対ベクトルと絶対行列：$\mathbb{F}_1$ 成分

$\mathbb{F}_1{}^n$ の元を縦ベクトルとして表わすことをしましょう．そのために
$$\mathbb{F}_1{}^1 = \{\boxed{1}\},$$
$$\mathbb{F}_1{}^2 = \left\{\begin{array}{c}\boxed{1}\\\blacksquare\end{array}, \begin{array}{c}\blacksquare\\\boxed{1}\end{array}\right\},$$
$$\mathbb{F}_1{}^3 = \left\{\begin{array}{c}\boxed{1}\\\blacksquare\\\blacksquare\end{array}, \begin{array}{c}\blacksquare\\\boxed{1}\\\blacksquare\end{array}, \begin{array}{c}\blacksquare\\\blacksquare\\\boxed{1}\end{array}\right\}$$
のように
$$\mathbb{F}_1{}^n = \left\{\begin{array}{c}\boxed{1}\\\blacksquare\\\blacksquare\end{array}, \cdots, \begin{array}{c}\blacksquare\\\blacksquare\\\boxed{1}\end{array}\right\}$$
と書くことにします：各 $i = 1, \cdots, n$ に対して i 成分のみ 1，他の成分は黒．

同じように，一般に
$$M_{m,n}(\mathbb{F}_1) = \left\{C = (c_{ij})_{j=1,\cdots,n}^{i=1,\cdots,m} \,\middle|\, \begin{array}{l}\text{各列は1つの成分}\\\text{のみ1　他は黒}\end{array}\right\}$$
とします．行列の計算は黒成分がかかるところは無視して，通常の行列の計算と同様にすればよいのです．

このとき，
$$\mathbb{F}_1{}^n = M_{n,1}(\mathbb{F}_1)$$
となっています．ただし，
$$M_{1,n}(\mathbb{F}_1) = \{\boxed{1\ \cdots\ 1}\} = \overbrace{\mathbb{F}_1 \times \cdots \times \mathbb{F}_1}^{n\text{個}}$$
は全く別物となりますので注意しないといけません（これも絶対数学の甘くないところです）：
$$|M_{m,n}(\mathbb{F}_1)| = m^n,$$
$$|\mathbb{F}_1{}^n| = |M_{n,1}(\mathbb{F}_1)| = n,$$
$$|\overbrace{\mathbb{F}_1 \times \cdots \times \mathbb{F}_1}^{n\text{個}}| = |M_{1,n}(\mathbb{F}_1)| = 1.$$

このように見ると，写像
$$\varphi\colon \{1,\cdots,n\} \longrightarrow \{1,\cdots,m\}$$
の行列表示は
$$\varphi\colon \mathbb{F}_1{}^n \longrightarrow \mathbb{F}_1{}^m$$
と考えて
$$M(\varphi) = \left(\varphi\!\left(\begin{smallmatrix}1\\ \blacksquare\\ \blacksquare\end{smallmatrix}\right),\ \cdots,\ \varphi\!\left(\begin{smallmatrix}\blacksquare\\ \blacksquare\\ 1\end{smallmatrix}\right)\right)$$
$$= (c_{ij}(\varphi))_{\substack{i=1,\cdots,m\\ j=1,\cdots,n}},$$
$$c_{ij}(\varphi) = \begin{cases} 1 & \cdots i = \varphi(j) \\ \blacksquare & \cdots i \neq \varphi(j) \end{cases}$$
とすれば良いわけです．

このとき，$\boldsymbol{a} \in \mathbb{F}_1{}^n$ に対して
$$\varphi(\boldsymbol{a}) = M(\varphi)\boldsymbol{a}$$
が成立しています．

さらに，
$$M_n(\mathbb{F}_1) = M_{n,n}(\mathbb{F}_1)$$
は n^n 元からなる絶対代数になり，その可逆元全体 $GL_n(\mathbb{F}_1)$ は $n!$ 元からなる群で n 次対称群 S_n と同型です．

問題 6.1

$n = 1, 2, 3$ に対して $M_n(\mathbb{F}_1)$ と $GL_n(\mathbb{F}_1)$ を求めよ.

[解答]
$$M_1(\mathbb{F}_1) = \{\boxed{1}\},$$
$$GL_1(\mathbb{F}_1) = \{\boxed{1}\} \cong S_1$$
$$M_2(\mathbb{F}_1) = \left\{ \begin{array}{c}\boxed{1\,1}\end{array}, \begin{array}{c}\boxed{1}\\\boxed{1}\end{array}, \begin{array}{c}\boxed{1}\\\boxed{1}\end{array}, \begin{array}{c}\boxed{1\,1}\end{array} \right\},$$
$$GL_2(\mathbb{F}_1) = \left\{ \begin{array}{c}\boxed{1}\\\boxed{1}\end{array}, \begin{array}{c}\boxed{1}\\\boxed{1}\end{array} \right\} \cong S_2$$

$M_3(\mathbb{F}_1) =$

（27個の行列）,

$GL_3(\mathbb{F}_1) = \{\cdots\} \cong S_3.$

[解答終]

この模様は，2016年選定のオリンピックエンブレムに使われた市松紋を思わせるかも知れません．絶対数学は，こんなにも身近にあります．なお，この模様は『現代数学』連載では，2015年9月号（8月12日発売）に登場しました．オリンピックエンブレムの前年のことです．

▶ 6.6 絶対線形代数

$\mathbb{F}_1$ 上の線形代数は既に見た通りです．ここでは，より一般にして，絶対代数 A 上の線形代数をやってみましょう．

まず，A^n や $M_{m,n}(A)$ を次のように定義します：

$$A^n = \left\{ \begin{array}{c}\boxed{a}\\ \blacksquare\\ \blacksquare\end{array}, \begin{array}{c}\blacksquare\\ \boxed{a}\\ \blacksquare\end{array}, \cdots, \begin{array}{c}\blacksquare\\ \blacksquare\\ \boxed{a}\end{array} \,\bigg|\, a \in A \right\},$$

$$M_{m,n}(A) = \left\{ C = (c_{ij})_{\substack{i=1,\cdots,m \\ j=1,\cdots,n}} \,\bigg|\, \begin{array}{l}\text{各列は1つの成分のみ}\\ A\text{の元，他は黒}\end{array} \right\}.$$

とくに，この場合にも

$$A^n = M_{n,1}(A)$$

と

$$\overbrace{A \times \cdots \times A}^{n\text{個}} = \left\{ \boxed{a_1 \,|\, \cdots \,|\, a_n} \,\bigg|\, a_1, \cdots, a_n \in A \right\}$$
$$= M_{1,n}(A)$$

とは別物です．

さらに，写像

$$\varphi \colon A^n \longrightarrow A^m$$

が A-線形写像であるとは

$$\varphi(c\boldsymbol{a}) = c\varphi(\boldsymbol{a})$$

が $c \in A$, $\boldsymbol{a} \in A^n$ に対して成立することと定義します．すると，A-線形写像

$$\varphi \colon A^n \longrightarrow A^m$$

は，表現行列

$$M(\varphi) = \left(\varphi\!\left(\begin{array}{c}\boxed{1}\\ \blacksquare\\ \blacksquare\end{array}\right), \cdots, \varphi\!\left(\begin{array}{c}\blacksquare\\ \blacksquare\\ \boxed{1}\end{array}\right) \right) \in M_{m,n}(A)$$

と 1:1 に対応して，$\boldsymbol{a} \in A^n$ に対して

$$\varphi(\boldsymbol{a}) = M(\varphi)\boldsymbol{a}$$

が成立しています．

ところで，$A = \mathbb{F}_1$ のときには黒の意義がよくわからなかったかも知れませんが，次の問題で納得してください．つまり，0と黒（空）とは違うものでないといけないということです．なお，絶対 N 元体

$\mathbb{F}_N$ の場合（第3章，3.7節）は
$$|\mathbb{F}_N^n| = nN,$$
$$|M_{m,n}(\mathbb{F}_N)| = m^n N^n$$
です．

問題 6.2

$N=2,3$ とする．
(1) $n=1,2,3$ に対して $\mathbb{F}_N^n$ を求めよ．
(2) $M_2(\mathbb{F}_N) = M_{2,2}(\mathbb{F}_N)$ を求めよ．

[解答]　$\mathbb{F}_2 = \{1, 0\}$，$\mathbb{F}_3 = \{1, -1, 0\}$ である．

(1)　$\mathbb{F}_2^1 = \{\boxed{1}, \boxed{0}\}$,

$\mathbb{F}_2^2 = \left\{\begin{array}{c}\boxed{1}\\\boxed{\ }\end{array}, \begin{array}{c}\boxed{0}\\\boxed{\ }\end{array}, \begin{array}{c}\boxed{\ }\\\boxed{1}\end{array}, \begin{array}{c}\boxed{\ }\\\boxed{0}\end{array}\right\}$,

$\mathbb{F}_2^3 = \left\{\begin{array}{c}\boxed{1}\\\boxed{\ }\\\boxed{\ }\end{array}, \begin{array}{c}\boxed{0}\\\boxed{\ }\\\boxed{\ }\end{array}, \begin{array}{c}\boxed{\ }\\\boxed{1}\\\boxed{\ }\end{array}, \begin{array}{c}\boxed{\ }\\\boxed{0}\\\boxed{\ }\end{array}, \begin{array}{c}\boxed{\ }\\\boxed{\ }\\\boxed{1}\end{array}, \begin{array}{c}\boxed{\ }\\\boxed{\ }\\\boxed{0}\end{array}\right\}$,

$\mathbb{F}_3^1 = \{\boxed{1}, \boxed{-1}, \boxed{0}\}$,

$\mathbb{F}_3^2 = \left\{\begin{array}{c}\boxed{1}\\\boxed{\ }\end{array}, \begin{array}{c}\boxed{0}\\\boxed{\ }\end{array}, \begin{array}{c}\boxed{-1}\\\boxed{\ }\end{array}, \begin{array}{c}\boxed{\ }\\\boxed{1}\end{array}, \begin{array}{c}\boxed{\ }\\\boxed{-1}\end{array}, \begin{array}{c}\boxed{\ }\\\boxed{0}\end{array}\right\}$,

$\mathbb{F}_3^3 = \left\{\begin{array}{c}\boxed{1}\\\boxed{\ }\\\boxed{\ }\end{array}, \begin{array}{c}\boxed{-1}\\\boxed{\ }\\\boxed{\ }\end{array}, \begin{array}{c}\boxed{0}\\\boxed{\ }\\\boxed{\ }\end{array}, \begin{array}{c}\boxed{\ }\\\boxed{1}\\\boxed{\ }\end{array}, \begin{array}{c}\boxed{\ }\\\boxed{-1}\\\boxed{\ }\end{array}, \begin{array}{c}\boxed{\ }\\\boxed{0}\\\boxed{\ }\end{array}, \begin{array}{c}\boxed{\ }\\\boxed{\ }\\\boxed{1}\end{array}, \begin{array}{c}\boxed{\ }\\\boxed{\ }\\\boxed{-1}\end{array}, \begin{array}{c}\boxed{\ }\\\boxed{\ }\\\boxed{0}\end{array}\right\}$.

(2)　$M_2(\mathbb{F}_2) = \left\{\begin{smallmatrix}1&1\\ & \end{smallmatrix}, \begin{smallmatrix}1&0\\ & \end{smallmatrix}, \begin{smallmatrix}0&1\\ & \end{smallmatrix}, \begin{smallmatrix}0&0\\ & \end{smallmatrix}, \begin{smallmatrix} & \\1&1\end{smallmatrix}, \begin{smallmatrix} & \\1&0\end{smallmatrix}, \begin{smallmatrix} & \\0&1\end{smallmatrix}, \begin{smallmatrix} & \\0&0\end{smallmatrix},\right.$

$\left.\begin{smallmatrix}1& \\1& \end{smallmatrix}, \begin{smallmatrix}1& \\0& \end{smallmatrix}, \begin{smallmatrix}0& \\1& \end{smallmatrix}, \begin{smallmatrix}0& \\0& \end{smallmatrix}, \begin{smallmatrix} &1\\ &1\end{smallmatrix}, \begin{smallmatrix} &1\\ &0\end{smallmatrix}, \begin{smallmatrix} &0\\ &1\end{smallmatrix}, \begin{smallmatrix} &0\\ &0\end{smallmatrix}\right\}$,

$M_2(\mathbb{F}_3) = \left\{\begin{smallmatrix}1&1\\ & \end{smallmatrix}, \begin{smallmatrix}1&-1\\ & \end{smallmatrix}, \begin{smallmatrix}1&0\\ & \end{smallmatrix}, \begin{smallmatrix}-1&1\\ & \end{smallmatrix}, \begin{smallmatrix}-1&-1\\ & \end{smallmatrix}, \begin{smallmatrix}-1&0\\ & \end{smallmatrix}, \begin{smallmatrix}0&1\\ & \end{smallmatrix}, \begin{smallmatrix}0&-1\\ & \end{smallmatrix}, \begin{smallmatrix}0&0\\ & \end{smallmatrix},\right.$

$\begin{smallmatrix} & \\1&1\end{smallmatrix}, \begin{smallmatrix} & \\1&-1\end{smallmatrix}, \begin{smallmatrix} & \\1&0\end{smallmatrix}, \begin{smallmatrix} & \\-1&1\end{smallmatrix}, \begin{smallmatrix} & \\-1&-1\end{smallmatrix}, \begin{smallmatrix} & \\-1&0\end{smallmatrix}, \begin{smallmatrix} & \\0&1\end{smallmatrix}, \begin{smallmatrix} & \\0&-1\end{smallmatrix}, \begin{smallmatrix} & \\0&0\end{smallmatrix},$

$\begin{smallmatrix}1& \\1& \end{smallmatrix}, \begin{smallmatrix}1& \\-1& \end{smallmatrix}, \begin{smallmatrix}1& \\0& \end{smallmatrix}, \begin{smallmatrix}-1& \\1& \end{smallmatrix}, \begin{smallmatrix}-1& \\-1& \end{smallmatrix}, \begin{smallmatrix}-1& \\0& \end{smallmatrix}, \begin{smallmatrix}0& \\1& \end{smallmatrix}, \begin{smallmatrix}0& \\-1& \end{smallmatrix}, \begin{smallmatrix}0& \\0& \end{smallmatrix},$

$\left.\begin{smallmatrix} &1\\ &1\end{smallmatrix}, \begin{smallmatrix} &1\\ &-1\end{smallmatrix}, \begin{smallmatrix} &1\\ &0\end{smallmatrix}, \begin{smallmatrix} &-1\\ &1\end{smallmatrix}, \begin{smallmatrix} &-1\\ &-1\end{smallmatrix}, \begin{smallmatrix} &-1\\ &0\end{smallmatrix}, \begin{smallmatrix} &0\\ &1\end{smallmatrix}, \begin{smallmatrix} &0\\ &-1\end{smallmatrix}, \begin{smallmatrix} &0\\ &0\end{smallmatrix}\right\}$.

[解答終]

6.7 絶対線形代数と入試問題

絶対線形代数の考えは意外なところにも発見できます．たとえば，次の問題はある入試問題（東京工業大学，2015年2月，数学・第5問）をヒントにして適当に変形したものです．通常数学と絶対数学で考えてみてください．

問題6.3

n を相異なる素数 $p_1, \cdots, p_k$ の積とする．n の約数 a, b に対して，最大公約数を G，最小公倍数を L とする．また，自然数 m に対して，m を割り切る相異なる素数の個数を $S(m)$ とする．このとき，
$$S(G) + S(L) = S(a) + S(b)$$
が成立することを示せ．

[通常数学の解答1]（スケッチ）

自然数 m の素因数の個数（重複度込み）を $\tilde{S}(m)$ と書くことにする．高校の教科書にある通り $GL = ab$ だから，$\tilde{S}(GL) = \tilde{S}(ab)$．ここで，
$$\tilde{S}(GL) = \tilde{S}(G) + \tilde{S}(L) = S(G) + S(L),$$
$$\tilde{S}(ab) = \tilde{S}(a) + \tilde{S}(b) = S(a) + S(b).$$
したがって
$$S(G) + S(L) = S(a) + S(b)$$
が成立する． **［通常数学の解答1 終］**

[通常数学の解答2]（スケッチ）

n の約数 m に対して
$$P(m) = \{m \text{ を割り切る } p_1, \cdots, p_k\}$$
とおくと

$$P(G) = P(a) \cap P(b),$$
$$P(L) = P(a) \cup P(b)$$

であり，
$$S(G) = |P(G)| = |P(a) \cap P(b)|,$$
$$S(L) = |P(L)| = |P(a) \cup P(b)|,$$
$$S(a) = |P(a)|,$$
$$S(b) = |P(b)|$$

である．よってベン図から

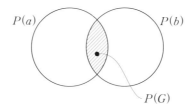

$$|P(a) \cap P(b)| + |P(a) \cup P(b)| = |P(a)| + |P(b)|$$

つまり
$$S(G) + S(L) = S(a) + S(b)$$

がわかる． ［通常数学の解答2終］

［絶対数学の解答］（スケッチ）

$P(a), P(b), P(G), P(L)$ は上と同じとする．すると，$\mathbb{F}_1$ 上の絶対次元公式より
$$\dim(\mathbb{F}_1^{(P(a)\cup P(b))}) + \dim(\mathbb{F}_1^{(P(a)\cup P(b))}) = \dim(\mathbb{F}_1^{(P(a))}) + \dim(\mathbb{F}_1^{(P(b))})$$
が成立する．ここで，
$$P(a) \cap P(b) = P(G),$$
$$P(a) \cup P(b) = P(L)$$
なので
$$\dim(\mathbb{F}_1^{(P(G))}) + \dim(\mathbb{F}_1^{(P(L))}) = \dim(\mathbb{F}_1^{(P(a))}) + \dim(\mathbb{F}_1^{(P(b))})$$
となる．これは
$$S(G) + S(L) = S(a) + S(b)$$
に他ならない． ［絶対数学の解答終］

CHAPTER 7

絶対極限公式

極限公式とはゼータ関数の極における留数と定数項を表示するものです．オイラー・クロネッカー・レルヒという流れの三大公式が有名で，数論のさまざまなところに顔を出します．本章は絶対ゼータ関数の場合に極限公式を考えます．

7.1 オイラーの極限公式

はじめの極限公式は，リーマンゼータ関数の場合に
$$\lim_{s\to 1}\left(\zeta(s)-\frac{1}{s-1}\right)=\gamma$$
となるという公式です．ここで，
$$\gamma=\lim_{n\to\infty}\left(1+\frac{1}{2}+\cdots+\frac{1}{n}-\log n\right)=0.577\cdots$$
はオイラー定数です．

この極限公式は，実質的にオイラーが得ていたものです．リーマンによって解析接続された形で書きますと $s=1$ におけるローラン展開
$$\zeta(s)=\frac{1}{s-1}+\gamma+c_1(s-1)+\cdots$$
$$=\frac{1}{s-1}+\gamma+O(s-1)$$

となります.

7.2 クロネッカーの極限公式

リーマンゼータ関数の極限公式を,より一般のゼータ関数の場合へ拡張しようとする研究はクロネッカー(1880 年代)の「楕円関数」シリーズ論文によって精力的に成され,その結果は「クロネッカー極限公式」という名前で呼ばれることになります.

クロネッカーの研究については

黒川・栗原・斎藤『数論II』岩波書店,2005 年 [英語訳と中国語訳もあり]

の第 9 章を見てください.証明も込めて詳細はそちらにゆずることにしますが,要点は,

$$Q(u,v) = au^2 + buv + cv^2$$

という正値 2 次形式(a,b,c は実数,$a,c > 0$,$b^2 - 4ac < 0$)のゼータ関数

$$\zeta_Q(s) = \sum_{\substack{(m,n) \in \mathbb{Z} \times \mathbb{Z} \\ (m,n) \neq (0,0)}} Q(m,n)^{-s}$$

に対する極 $s = 1$ における極限公式

$$\lim_{s \to 1}\left(\zeta_Q(s) - \frac{R(Q)}{s-1}\right) = \gamma(Q)$$

です.ここで,

$$R(Q) = \frac{\pi}{\sqrt{ac - \frac{b^2}{4}}},$$

$$\gamma(Q) = \frac{2\pi}{\sqrt{ac - \frac{b^2}{4}}}\left\{\gamma - \log 2 - \log(\sqrt{y}|\eta(z)|^2) - \frac{1}{4}\log\left(ac - \frac{b^2}{4}\right)\right\}$$

です．ただし，
$$z = x+iy = \frac{b}{2c}+i\frac{\sqrt{ac-\frac{b^2}{4}}}{c}$$
は上半平面 $(\mathrm{Im}(z)>0)$ に属し，
$$\eta(z) = e^{\frac{\pi i z}{12}}\prod_{n=1}^{\infty}(1-e^{2\pi i n z})$$
はデデキント・イータ関数です．ここの $|\eta(z)|^2$ はラマヌジャン・デルタ関数
$$\Delta(z) = e^{2\pi i z}\prod_{n=1}^{\infty}(1-e^{2\pi i n z})^{24}$$
$$= \sum_{n=1}^{\infty}\tau(n)e^{2\pi i n z}$$
を用いて $|\Delta(z)|^{\frac{1}{12}}$ にしても同じことです．

さらに，ゼータ関数 $\zeta_Q(s)$ は
$$Q(m,n) = \sqrt{ac-\frac{b^2}{4}}\,\frac{|mz+n|^2}{y}$$
となることを使うことにより，モジュラー群 $SL(2,\mathbb{Z})$ のアイゼンシュタイン級数
$$E(s,z) = \sum_{\substack{(m,n)\in\mathbb{Z}\times\mathbb{Z}\\(m,n)\neq(0,0)}}\frac{y^s}{|mz+n|^{2s}}$$
と実質的に同じものであることがわかります：
$$\zeta_Q(s) = \left(ac-\frac{b^2}{4}\right)^{-\frac{s}{2}}E(s,z).$$

7.3　レルヒの極限公式

チェコのレルヒ（1894 年）が証明した極限公式は

$$\lim_{s \to 1}\left(\zeta(s,x) - \frac{1}{s-1}\right) = -\frac{\Gamma'(x)}{\Gamma(x)}$$

です. ここで,

$$\zeta(s,x) = \sum_{n=0}^{\infty}(n+x)^{-s}$$

はフルビッツゼータ関数, $\Gamma(x)$ はガンマ関数です.

このレルヒの公式において $x=1$ とするとオイラーの極限公式

$$\lim_{s \to 1}\left(\zeta(s) - \frac{1}{s-1}\right) = \gamma$$

を得ます. 実際

$$\Gamma'(1) = -\gamma, \quad \Gamma(1) = 1$$

です. このことを見るには表示

$$\frac{1}{\Gamma(x)} = xe^{\gamma x}\prod_{n=1}^{\infty}\left(1+\frac{x}{n}\right)e^{-\frac{x}{n}}$$

が便利です. 対数微分を作ると

$$-\frac{\Gamma'(x)}{\Gamma(x)} = \frac{1}{x} + \gamma + \sum_{n=1}^{\infty}\left(\frac{1}{n+x} - \frac{1}{n}\right)$$

ですので

$$-\frac{\Gamma'(1)}{\Gamma(1)} = 1 + \gamma + \sum_{n=1}^{\infty}\left(\frac{1}{n+1} - \frac{1}{n}\right)$$
$$= \gamma$$

とわかります.

また, レルヒの公式は

$$\zeta(s,x) = \zeta(0,x) + \zeta'(0\ x)s + \frac{1}{2}\zeta''(0,x)s^2 + \cdots$$

という $s=0$ におけるテイラー展開——ただし, 微分は s についての偏微分——を先に計算するとわかりやすいものです.

CHAPTER 7. 絶対極限公式

問題 7.1

$$\zeta(0, x) = \frac{1}{2} - x,$$

$$\zeta'(0, x) = \log\left(\frac{\Gamma(x)}{\sqrt{2\pi}}\right)$$

を用いて

$$\lim_{s \to 1}\left(\zeta(s, x) - \frac{1}{s-1}\right) = -\frac{\Gamma'(x)}{\Gamma(x)}$$

を示せ.

解答 $s = 1$ におけるローラン展開を

$$\zeta(s, x) = \frac{a_{-1}(x)}{s-1} + a_0(x) + a_1(x)(s-1) + \cdots$$

とする. ここで, s を $s+1$ におきかえると

$$\zeta(s+1, x) = \frac{a_{-1}(x)}{s} + a_0(x) + a_1(x)s + \cdots,$$

つまり

$$-s\zeta(s+1, x) = -a_{-1}(x) - a_0(x)s - a_1(x)s^2 + \cdots$$

となる. 一方

$$-s(n+x)^{-s-1} = \frac{\partial}{\partial x}(n+x)^{-s}$$

より

$$-s\zeta(s+1, x) = \frac{\partial}{\partial x}\zeta(s, x)$$

だから

$$-a_{-1}(x) - a_0(x)s - a_1(x)s^2 + \cdots$$
$$= \frac{\partial}{\partial x}\left(\frac{1}{2} - x\right) + \frac{\partial}{\partial x}\log\left(\frac{\Gamma(x)}{\sqrt{2\pi}}\right) \cdot s + \cdots$$

となる. よって

$$\begin{cases} -a_{-1}(x) = -1, \\ -a_0(x) = \dfrac{\Gamma'(x)}{\Gamma(x)}. \end{cases}$$

したがって

95

$$\begin{cases} a_{-1}(x) = 1, \\ a_0(x) = -\dfrac{\Gamma'(x)}{\Gamma(x)}. \end{cases}$$

［解答終］

なお，

$$\zeta(0, x) = \frac{1}{2} - x,$$

$$\zeta'(0, x) = \log\left(\frac{\Gamma(x)}{\sqrt{2\pi}}\right)$$

の証明は，上記『数論II』あるいは

黒川信重『現代三角関数論』岩波書店，2013 年

を見てください．とくに

$$\zeta'(0, x) = \log\left(\frac{\Gamma(x)}{\sqrt{2\pi}}\right),$$

つまり

$$\frac{\Gamma(x)}{\sqrt{2\pi}} = \exp(\zeta'(0, x))$$

は「レルヒの公式」と呼ばれているもので，多重ガンマ関数・多重三角関数の大発展のきっかけとなりました．

7.4 絶対極限公式

ここでは，第 5 章定理 5.1 と同じ状況のときに絶対極限公式を示すことにします．

定理 7.1

$\ell \in \mathbb{Z}_{\geq 0}$, $m(1), \cdots, m(a) \in \mathbb{Z}_{>0}$ に対して
$$N(u) = u^\ell (u^{m(1)} - 1) \cdots (u^{m(a)} - 1)$$
とする．このとき絶対極限公式
$$\lim_{s \to \deg(N)} \left(\zeta_N(s) - \frac{R(N)}{s - \deg(N)} \right) = \gamma(N)$$
が成り立つ．ただし，
$$R(N) = \prod_{\substack{I \subset \{1, \cdots, a\} \\ I \neq \phi}} m(I)^{(-1)^{|I|+1}}$$
$$\gamma(N) = R(N) \times \sum_{I \neq \phi} \frac{(-1)^{|I|+1}}{m(I)},$$
$$m(I) = \sum_{i \in I} m(i)$$
である．

[証明]

(1) $\quad N(u) = u^\ell (u^{m(1)} - 1) \cdots (u^{m(a)} - 1)$
$$= \sum_{I \subset \{1, \cdots, a\}} (-1)^{a - |I|} u^{\ell + m(I)}$$

より
$$Z_N(w, s) = \sum_{I \subset \{1, \cdots, a\}} (-1)^{a - |I|} (s - \ell - m(I))^{-w}$$

なので
$$\zeta_N(s) = \prod_{I \subset \{1, \cdots, a\}} (s - \ell - m(I))^{(-1)^{a - |I| + 1}}$$

となる．よって
$$\zeta_N(s) = \frac{1}{s - \deg(N)} \times \prod_{I \neq \{1, \cdots, a\}} (s - \ell - m(I))^{(-1)^{a - |I| + 1}}$$

となることから

$$\begin{aligned}R(N) &= \mathrm{Res}_{s=\deg(N)}\,\zeta_N(s)\\ &= \lim_{s\to\deg(N)}(s-\deg(N))\zeta_N(s)\\ &= \prod_{I\neq\{1,\cdots,a\}}(\deg(N)-\ell-m(I))^{(-1)^{a-|I|+1}}\\ &= \prod_{I\neq\{1,\cdots,a\}} m(\{1,\cdots,a\}-I)^{(-1)^{|\{1,\cdots,a\}-I|+1}}\\ &= \prod_{I\neq\phi} m(I)^{(-1)^{|I|+1}}.\end{aligned}$$

(2) (1)で求めた表示

$$\zeta_N(s) = \frac{1}{s-\deg(N)} \times \prod_{I\neq\{1,\cdots,a\}}(s-\ell-m(I))^{(-1)^{a-|I|+1}}$$

を対数微分した

$$\frac{\zeta_N'(s)}{\zeta_N(s)} = -\frac{1}{s-\deg(N)} + \sum_{I\neq\{1,\cdots,a\}} \frac{(-1)^{a-|I|+1}}{s-\ell-m(I)}$$

より

$$\left(\frac{\zeta_N'(s)}{\zeta_N(s)}+\frac{1}{s-\deg(N)}\right)\bigg|_{s=\deg(N)} = \sum_{I\neq\{1,\cdots,a\}}\frac{(-1)^{a-|I|+1}}{\deg(N)-\ell-m(I)}$$
$$= \sum_{I\neq\{1,\cdots,a\}}\frac{(-1)^{|\{1,\cdots,a\}-I|+1}}{m(\{1,\cdots,a\}-I)} = \sum_{I\neq\phi}\frac{(-1)^{|I|+1}}{m(I)}.$$

(3) ローラン展開

$$\begin{aligned}\zeta_N(s) &= \frac{R(N)}{s-\deg(N)} + \gamma(N) + O(s-\deg(N))\\ &= \frac{R(N)}{s-\deg(N)}\left\{1+\frac{\gamma(N)}{R(N)}(s-\deg(N))+O((s-\deg(N))^2)\right\}\end{aligned}$$

より対数微分を計算すると

$$\frac{\zeta_N'(s)}{\zeta_N(s)} = -\frac{1}{s-\deg(N)} + \frac{\gamma(N)}{R(N)} + O(s-\deg(N)).$$

よって

$$\left(\frac{\zeta_N'(s)}{\zeta_N(s)}+\frac{1}{s-\deg(N)}\right)\bigg|_{s=\deg(N)} = \frac{\gamma(N)}{R(N)}.$$

これを(2)の結果と比較すると

$$\frac{\gamma(N)}{R(N)} = \sum_{I\neq\phi}\frac{(-1)^{|I|+1}}{m(I)}$$

を得る. ［証明終］

問題 7.2

$$\zeta_{GL(1)^n/\mathbb{F}_1}(s) = \prod_{k=0}^{n}(s-k)^{(-1)^{n-k+1}\binom{n}{k}}$$

に対して極限公式を求めよ．

[解 答] 定理 7.1 において $N(u)=(u-1)^n$ とした場合なので

$$\lim_{s\to n}\left(\zeta_{GL(1)^n/\mathbb{F}_1}(s) - \frac{R(GL(1)^n/\mathbb{F}_1)}{s-n}\right) = \gamma(GL(1)^n/\mathbb{F}_1)$$

となる．ただし，

$$R(GL(1)^n/\mathbb{F}_1) = \prod_{k=1}^{n} k^{(-1)^{k+1}\binom{n}{k}},$$

$$\gamma(GL(1)^n/\mathbb{F}_1) = R(GL(1)^n/\mathbb{F}_1) \times \sum_{k=1}^{n} \frac{(-1)^{k+1}\binom{n}{k}}{k}$$

である． **[解答終]**

7.5 係数変換

前節と同じく

$$N(u) = u^{\ell}(u^{m(1)}-1)\cdots(u^{m(a)}-1)$$

の場合に，係数変換（基底変換）したゼータ関数の極限公式を考えることにします．具体的には合同ゼータ関数

$$\zeta_{N\otimes\mathbb{F}_p}(s) = \exp\left(\sum_{k=1}^{\infty}\frac{N(p^k)}{kp^{ks}}\right)$$

の $s=\deg(N)$ における極での極限公式と大局ゼータ関数

$$\zeta_{N\otimes\mathbb{Z}}(s) = \prod_{p:\text{素数}} \zeta_{N\otimes\mathbb{F}_p}(s)$$

の $s=\deg(N)+1$ における極での極限公式です．

定理 7.2
$$N(u) = u^\ell (u^{m(1)} - 1) \cdots (u^{m(a)} - 1)$$
に対して
$$\zeta_{N \otimes \mathbb{F}_p}(s) = \exp\Big(\sum_{k=1}^{\infty} \frac{N(p^k)}{kp^{ks}}\Big),$$
$$R(N \otimes \mathbb{F}_p) = \frac{1}{\log p} \prod_{I \neq \phi} (1 - p^{-m(I)})^{(-1)^{|I|+1}}$$
$$= \frac{1 - p^{-1}}{\log p} \prod_{I \neq \phi} [m(I)]_{p^{-1}}^{(-1)^{|I|+1}},$$
$$\gamma(N \otimes \mathbb{F}_p) = R(N \otimes \mathbb{F}_p)(\log p) \Big\{ \sum_{I \neq \phi} \frac{(-1)^{|I|+1}}{p^{m(I)} - 1} + \frac{1}{2} \Big\}$$
とおくと極限公式
$$\lim_{s \to \deg(N)} \Big(\zeta_{N \otimes \mathbb{F}_p}(s) - \frac{R(N \otimes \mathbb{F}_p)}{s - \deg(N)} \Big) = \gamma(N \otimes \mathbb{F}_p)$$
が成立する.

[証明]
$$N(u) = \sum_I (-1)^{a-|I|} u^{\ell + m(I)}$$

だから

$$\zeta_{N \otimes \mathbb{F}_p}(s) = \exp\Big(\sum_{k=1}^{\infty} \frac{N(p^k)}{kp^{ks}}\Big)$$
$$= \prod_I \exp\Big(\sum_{k=1}^{\infty} \frac{(-1)^{a-|I|}(p^k)^{\ell+m(I)}}{kp^{ks}}\Big)$$
$$= \prod_I (1 - p^{\ell+m(I)-s})^{(-1)^{a-|I|+1}}$$
$$= \frac{1}{1 - p^{\deg(N)-s}} \times \prod_{I \neq \{1,\cdots,a\}} (1 - p^{\ell+m(I)-s})^{(-1)^{a-|I|+1}}$$
$$= \frac{1}{1 - p^{\deg(N)-s}} \times \prod_{I \neq \phi} (1 - p^{\deg(N)-s-m(I)})^{(-1)^{|I|+1}}$$

となる. よって

$$R(N \otimes \mathbb{F}_p) = \lim_{s \to \deg(N)} (s - \deg(N)) \zeta_{N \otimes \mathbb{F}_p}(s)$$

$$= \frac{1}{\log p} \times \prod_{I \neq \phi} (1 - p^{-m(I)})^{(-1)^{|I|+1}}$$

$$= \frac{1 - p^{-1}}{\log p} \times \prod_{I \neq \phi} [m(I)]_{p^{-1}}^{(-1)^{|I|+1}}.$$

再び $\zeta_{N \otimes \mathbb{F}_p}(s)$ の計算結果より対数微分を作ると

$$\frac{\zeta'_{N \otimes \mathbb{F}_p}(s)}{\zeta_{N \otimes \mathbb{F}_p}(s)} = -\frac{\log p}{p^{s-\deg(N)} - 1} + \sum_{I \neq \phi} \frac{(-1)^{|I|+1} \log p}{p^{s-\deg(N)+m(I)} - 1}$$

となる. よって

$$\left(\frac{\zeta'_{N \otimes \mathbb{F}_p}(s)}{\zeta_{N \otimes \mathbb{F}_p}(s)} + \frac{\log p}{p^{s-\deg(N)} - 1} \right) \bigg|_{s=\deg(N)}$$

$$= \sum_{I \neq \phi} \frac{(-1)^{|I|+1} \log p}{p^{m(I)} - 1}.$$

一方, ローラン展開

$$\zeta_{N \otimes \mathbb{F}_p}(s) = \frac{R(N \otimes \mathbb{F}_p)}{s - \deg(N)} + \gamma(N \otimes \mathbb{F}_p) + O(s - \deg(N))$$

$$= \frac{R(N \otimes \mathbb{F}_p)}{s - \deg(N)} \bigg\{ 1 + \frac{\gamma(N \otimes \mathbb{F}_p)}{R(N \otimes \mathbb{F}_p)} (s - \deg(N))$$

$$+ O((s - \deg(N))^2) \bigg\}$$

を対数微分すると

$$\frac{\zeta'_{N \otimes \mathbb{F}_p}(s)}{\zeta_{N \otimes \mathbb{F}_p}(s)} = -\frac{1}{s - \deg(N)} + \frac{\gamma(N \otimes \mathbb{F}_p)}{R(N \otimes \mathbb{F}_p)} + O(s - \deg(N)).$$

よって

$$\left(\frac{\zeta'_{N \otimes \mathbb{F}_p}(s)}{\zeta_{N \otimes \mathbb{F}_p}(s)} + \frac{1}{s - \deg(N)} \right) \bigg|_{s=\deg(N)} = \frac{\gamma(N \otimes \mathbb{F}_p)}{R(N \otimes \mathbb{F}_p)}$$

となる. したがって

$$\frac{\gamma(N \otimes \mathbb{F}_p)}{R(N \otimes \mathbb{F}_p)} = \left(\frac{\zeta'_{N \otimes \mathbb{F}_p}(s)}{\zeta_{N \otimes \mathbb{F}_p}(s)} + \frac{\log p}{p^{s-\deg(N)} - 1}\right)\Bigg|_{s=\deg(N)}$$
$$+ \left(\frac{1}{s - \deg(N)} - \frac{\log p}{p^{s-\deg(N)} - 1}\right)\Bigg|_{s=\deg(N)}$$
$$= \sum_{I \neq \phi} \frac{(-1)^{|I|+1} \log p}{p^{m(I)} - 1} + \frac{1}{2} \log p$$

を得る. ただし,

$$\frac{\log p}{p^{s-\deg(N)} - 1} = \frac{1}{(s-\deg(N)) + \frac{1}{2}(s-\deg(N))^2 \log p + O((s-\deg(N))^3)}$$
$$= \frac{1}{s - \deg(N)} \cdot \frac{1}{1 + \frac{\log p}{2}(s - \deg(N)) + O((s-\deg(N))^2)}$$
$$= \frac{1}{s - \deg(N)} \left\{1 - \frac{\log p}{2}(s - \deg(N)) + O((s-\deg(N))^2)\right\}$$
$$= \frac{1}{s - \deg(N)} - \frac{\log p}{2} + O(s - \deg(N))$$

であることを用いた. [証明終]

問題 7.3

次を証明せよ.

(1) $\lim_{p \to 1} R(N \otimes \mathbb{F}_p) = R(N)$.

(2) $\lim_{p \to 1} \gamma(N \otimes \mathbb{F}_p) = \gamma(N)$.

[解答]

(1) $R(N \otimes \mathbb{F}_p) = \frac{1 - p^{-1}}{\log p} \prod_{I \neq \phi} [m(I)]_{p^{-1}}^{(-1)^{|I|+1}}$

において $p \to 1$ とすると

$$\lim_{p \to 1} R(N \otimes \mathbb{F}_p) = \prod_{I \neq \phi} m(I)^{(-1)^{|I|+1}} = R(N).$$

(2) $\gamma(N \otimes \mathbb{F}_p) = R(N \otimes \mathbb{F}_p) \left\{\sum_{I \neq \phi} \frac{(-1)^{|I|+1} \log p}{p^{m(I)} - 1} + \frac{\log p}{2}\right\}$

において $p \to 1$ とすると

$$\lim_{p \to 1} \gamma(N \otimes \mathbb{F}_p) = R(N) \times \sum_{I \neq \phi} \frac{(-1)^{|I|+1}}{m(I)}$$
$$= \gamma(N).\qquad\qquad \text{[解答終]}$$

大局ゼータ関数の場合は次のようになります.

定理 7.3
$$N(u) = u^\ell(u^{m(1)} - 1) \cdots (u^{m(a)} - 1)$$
のとき
$$\zeta_{N \otimes \mathbb{Z}}(s) = \prod_p \zeta_{N \otimes \mathbb{F}_p}(s),$$
$$R(N \otimes \mathbb{Z}) = \prod_{I \neq \phi} \zeta(m(I) + 1)^{(-1)^{|I|}},$$
$$\gamma(N \otimes \mathbb{Z}) = R(N \otimes \mathbb{Z}) \times \left\{ \gamma + \sum_p \left(\sum_{I \neq \phi} \frac{(-1)^{|I|+1} \log p}{p^{m(I)+1} - 1} \right) \right\}$$
とおくと,極限公式
$$\lim_{s \to \deg(N)+1} \left(\zeta_{N \otimes \mathbb{Z}}(s) - \frac{R(N \otimes \mathbb{Z})}{s - \deg(N) - 1} \right) = \gamma(N \otimes \mathbb{Z})$$
が成立する.

[証明]
$$\zeta_{N \otimes \mathbb{F}_p}(s) = \prod_I (1 - p^{\deg(N) - s - m(I)})^{(-1)^{|I|+1}}$$

より

$$\zeta_{N \otimes \mathbb{Z}}(s) = \prod_I \zeta(s - \deg(N) + m(I))^{(-1)^{|I|}}$$
$$= \zeta(s - \deg(N)) \times \prod_{I \neq \phi} \zeta(s - \deg(N) + m(I))^{(-1)^{|I|}}$$

となる.したがって

$$R(N \otimes \mathbb{Z}) = \lim_{s \to \deg(N)+1} (s - \deg(N) - 1) \zeta_{N \otimes \mathbb{Z}}(s)$$
$$= \prod_{I \neq \phi} \zeta(m(I) + 1)^{(-1)^{|I|}}$$

を得る.次に

$$\gamma(N \otimes \mathbb{Z}) = \lim_{s \to \deg(N)+1} \left(\zeta_{N \otimes \mathbb{Z}}(s) - \frac{R(N \otimes \mathbb{Z})}{s - \deg(N) - 1} \right)$$

を求める. そのために, $\zeta_{N \otimes \mathbb{Z}}(s)$ の対数微分を見ると

$$\frac{\zeta'_{N \otimes \mathbb{Z}}(s)}{\zeta_{N \otimes \mathbb{Z}}(s)} = \frac{\zeta'(s - \deg(N))}{\zeta(s - \deg(N))}$$

$$+ \sum_{I \neq \phi} (-1)^{|I|} \frac{\zeta'(s - \deg(N) + m(I))}{\zeta(s - \deg(N) + m(I))}$$

において

$$\frac{\zeta'(s - \deg(N))}{\zeta(s - \deg(N))} = -\frac{1}{s - \deg(N) - 1} + \gamma + O(s - \deg(N) - 1)$$

および, $I \neq \phi$ に対してオイラー積表示から

$$\frac{\zeta'(s - \deg(N) + m(I))}{\zeta(s - \deg(N) + m(I))} = -\sum_p \frac{\log p}{p^{m(I)+s-\deg(N)} - 1}$$

$$= -\sum_p \frac{\log p}{p^{m(I)+1} - 1} + O(s - \deg(N) - 1)$$

であることを用いると,

$$\frac{\zeta'_{N \otimes \mathbb{Z}}(s)}{\zeta_{N \otimes \mathbb{Z}}(s)} = -\frac{1}{s - \deg(N) - 1}$$

$$+ \left\{ \gamma + \sum_p \log p \left(\sum_{I \neq \phi} \frac{(-1)^{|I|+1}}{p^{m(I)+1} - 1} \right) \right\} + O(s - \deg(N) - 1).$$

一方, ローラン展開

$$\zeta_{N \otimes \mathbb{Z}}(s) = \frac{R(N \otimes \mathbb{Z})}{s - \deg(N) - 1} + \gamma(N \otimes \mathbb{Z}) + O(s - \deg(N) - 1)$$

の対数微分を見ると

$$\frac{\zeta'_{N \otimes \mathbb{Z}}(s)}{\zeta_{N \otimes \mathbb{Z}}(s)} = -\frac{1}{s - \deg(N) - 1} + \frac{\gamma(N \otimes \mathbb{Z})}{R(N \otimes \mathbb{Z})} + O(s - \deg(N) - 1).$$

よって

$$\frac{\gamma(N \otimes \mathbb{Z})}{R(N \otimes \mathbb{Z})} = \left(\frac{\zeta'_{N \otimes \mathbb{Z}}(s)}{\zeta_{N \otimes \mathbb{Z}}(s)} + \frac{1}{s - \deg(N) - 1} \right) \bigg|_{s = \deg(N)+1}$$

$$= \gamma + \sum_p \left(\sum_{I \neq \phi} \frac{(-1)^{|I|+1} \log p}{p^{m(I)+1} - 1} \right).$$

したがって

$$\gamma(N \otimes \mathbb{Z}) = R(N \otimes \mathbb{Z}) \times \left\{ \gamma + \sum_{p} \left(\sum_{I \neq \phi} \frac{(-1)^{|I|+1} \log p}{p^{m(I)+1} - 1} \right) \right\}$$

となる. [証明終]

問題7.4

$N(u) = u - 1$ のとき $R(N \otimes \mathbb{Z})$ と $\gamma(N \otimes \mathbb{Z})$ を求めよ.

[解答]

$$\zeta_{N \otimes \mathbb{Z}}(s) = \frac{\zeta(s-1)}{\zeta(s)} = \zeta_{GL(1)/\mathbb{Z}}(s)$$

となり, 定理 7.3 より

$$R(N \otimes \mathbb{Z}) = \zeta(2)^{-1} = \frac{6}{\pi^2},$$

$$\gamma(N \otimes \mathbb{Z}) = \frac{6}{\pi^2} \left\{ \gamma + \sum_{p: 素数} \frac{\log p}{p^2 - 1} \right\}$$

となる. [解答終]

ちなみに,

$$\sum_{p: 素数} \frac{\log p}{p^2 - 1} = -\frac{\zeta'(2)}{\zeta(2)} = -\frac{6}{\pi^2} \zeta'(2)$$

ですので, $N(u) = u - 1$ のとき

$$\gamma(N \otimes \mathbb{Z}) = \frac{6}{\pi^2} \left\{ \gamma - \frac{6}{\pi^2} \zeta'(2) \right\}$$

となりますが, リーマンゼータ関数の関数等式を用いて

$$\gamma(N \otimes \mathbb{Z}) = \frac{6}{\pi^2} \{ 2\gamma - 1 - 12\zeta'(-1) + \log(2\pi) \}$$

とも書けます. 超越数なのでしょね.

ここでの極限公式の計算は, そう難しいものでもないし, 易しすぎるものでもないので, 喫茶店での計算にちょうど良いものです.

そこで, まとめもかねて, もう一つ問題を出しておくことにします.

問題7.5

$N(u) = \dfrac{1}{u-1}$ のとき $\zeta_N(s)$, $\zeta_{N\otimes\mathbb{F}_p}(s)$, $\zeta_{N\otimes\mathbb{Z}}(s)$ の極限公式を求めよ.

解答 計算方法は前と同じなので要点を記す.

(1) $\zeta_N(s)$ の場合：

$$N(u) = \frac{1}{u-1} = \sum_{n=1}^{\infty} u^{-n} \quad (u > 1)$$

より

$$Z_N(w, s) = \sum_{n=1}^{\infty} (n+s)^{-w} = \zeta(w, s+1)$$

だからレルヒの公式を用いて

$$\zeta_N(s) = \frac{\Gamma(s+1)}{\sqrt{2\pi}}.$$

よって,

$$R(N) = \frac{1}{\sqrt{2\pi}}, \quad \gamma(N) = -\frac{\gamma}{\sqrt{2\pi}}$$

として, 極限公式は

$$\lim_{s \to -1}\left(\zeta_N(s) - \frac{1}{\sqrt{2\pi}} \cdot \frac{1}{s+1}\right) = -\frac{\gamma}{\sqrt{2\pi}}.$$

(2) $\zeta_{N\otimes\mathbb{F}_p}(s)$ の場合：

$$\zeta_{N\otimes\mathbb{F}_p}(s) = \exp\left(\sum_{k=1}^{\infty}\sum_{n=1}^{\infty}\frac{p^{-nk}}{kp^{ks}}\right) = \prod_{n=1}^{\infty}(1-p^{-s-n})^{-1}$$

だから

$$R(N \otimes \mathbb{F}_p) = \frac{1}{\log p}\prod_{n=1}^{\infty}(1-p^{-n})^{-1},$$

$$\gamma(N \otimes \mathbb{F}_p) = R(N \otimes \mathbb{F}_p) \times \left\{-\sum_{n=1}^{\infty}\frac{\log p}{p^n-1} + \frac{1}{2}\log p\right\}$$

によって, 極限公式は

$$\lim_{s \to -1}\left(\zeta_{N\otimes\mathbb{F}_p}(s) - \frac{R(N \otimes \mathbb{F}_p)}{s+1}\right) = \gamma(N \otimes \mathbb{F}_p).$$

(3) $\zeta_{N\otimes\mathbb{Z}}(s)$ の場合：

$$\zeta_{N\otimes\mathbb{Z}}(s) = \prod_{n=1}^{\infty} \zeta(s+n)$$

だから

$$R(N \otimes \mathbb{Z}) = \prod_{n=2}^{\infty} \zeta(n),$$

$$\gamma(N \otimes \mathbb{Z}) = R(N \otimes \mathbb{Z}) \times \left\{ \gamma - \sum_{p:\text{素数}} \sum_{n=2}^{\infty} \frac{\log p}{p^n - 1} \right\}$$

によって，極限公式は

$$\lim_{s \to 0} \left(\zeta_{N\otimes\mathbb{Z}}(s) - \frac{R(N \otimes \mathbb{Z})}{s} \right) = \gamma(N \otimes \mathbb{Z}).$$

［解答終］

なお，$R(N \otimes \mathbb{Z})$ の値 $\displaystyle\prod_{n=2}^{\infty} \zeta(n)$ は「有限アーベル群の位数の平均値」です．

CHAPTER 8
絶対自己同型と暗号

　絶対代数の自己同型は絶対数学の重要な研究対象です．この絶対数学の考え方は，暗号では日常的に活躍しています．残念なことに，研究者にも，そのようには理解されていませんので，本章は，ここを解説します．なお，絶対数学そのものが暗号になっているのかも知れませんが，その点は触れません．

▶ 8.1　絶対代数

　絶対代数とは乗法に関するモノイド（単圏）です．絶対代数 A に対して
$$\mathrm{Aut}_{\mathbb{F}_1}(A) = \{\sigma : A \to A \,|\, 自己同型\}$$
を絶対自己同型群（absolute automorphism group）と呼びます．ここで，$\sigma : A \to A$ が自己同型（automorphism）とは σ が
$$\begin{cases} \sigma(1) = 1, \\ \sigma(ab) = \sigma(a)\sigma(b) \end{cases}$$
をみたし全単射であることです．

定理 8.1 A が絶対体のとき
$$\mathrm{Aut}_{\mathbb{F}_1}(A) \cong \mathrm{Aut}_{\mathrm{group}}(A^\times)$$

［証明］絶対体 A は，ある群 $G = A^\times$（演算は乗法）によって
$$A = \begin{cases} G \\ G \sqcup \{0\} \end{cases}$$
となっている．

(1) $A = G$ **のとき**

このときは
$$\mathrm{Aut}_{\mathbb{F}_1}(A) = \mathrm{Aut}_{\mathrm{group}}(G) = \mathrm{Aut}_{\mathrm{group}}(A^\times)$$
である．

(2) $A = G \sqcup \{0\}$ **のとき**

このときは，自己同型 $\sigma: A \to A$ は
$$\begin{cases} \sigma(G) = G \\ \sigma(0) = 0 \end{cases}$$
を自動的にみたす．実際，$a \in G$ なら $ab = 1$ となる $b \in G$ をとることにより
$$\sigma(a)\sigma(b) = \sigma(ab) = 1$$
となるので，$\sigma(a) \in G$ とわかる．よって，$\sigma(G) = G$, $\sigma(0) = 0$ となる．したがって，同型

$$\begin{array}{ccccc} \mathrm{Aut}_{\mathbb{F}_1}(A) & \longrightarrow & \mathrm{Aut}_{\mathrm{group}}(G) & = & \mathrm{Aut}_{\mathrm{group}}(A^\times) \\ \cup & & \cup & & \| \\ \sigma & \longmapsto & \sigma|_G & = & \sigma|_{A^\times} \end{array}$$

を得る． ［証明終］

とくに，$N \geq 2$ に対して絶対 N 元体
$$\mathbb{F}_N = \{a \in \mathbb{C} \mid a^N = a\} = \mu_{N-1} \sqcup \{0\}$$
の場合を考えましょう．

> **定理 8.2** $N \geq 2$ に対して,絶対 N 元体 $\mathbb{F}_N$ の絶対自己同型群は
> $$\mathrm{Aut}_{\mathbb{F}_1}(\mathbb{F}_N) \cong \mathrm{Aut}_{\mathrm{group}}(\mu_{N-1}) \cong (\mathbb{Z}/(N-1)\mathbb{Z})^\times$$
> となり
> $$\begin{array}{ccc} (\mathbb{Z}/(N-1)\mathbb{Z})^\times & \longrightarrow & \mathrm{Aut}_{\mathbb{F}_1}(\mathbb{F}_N) \\ \cup\!\shortmid & & \cup\!\shortmid \\ k & \longmapsto & [k] \end{array}$$
> が同型対応を与える.ここで,$[k]$ は k 乗写像.したがって,$\mathbb{F}_N$ のすべての自己同型はべき乗写像である:
> $$\mathrm{Aut}_{\mathbb{F}_1}(\mathbb{F}_N) = \left\{ [k] \ \middle| \ \begin{array}{l} k = 1, \cdots, N-1 \\ (k, N-1) = 1 \end{array} \right\}.$$

[証明] 定理 8.1 より

$$\begin{aligned} \mathrm{Aut}_{\mathbb{F}_1}(\mathbb{F}_N) &\cong \mathrm{Aut}_{\mathrm{group}}(\mathbb{F}_N^\times) \\ &= \mathrm{Aut}_{\mathrm{group}}(\mu_{N-1}) \\ &\cong \mathrm{Aut}_{\mathrm{group}}(\mathbb{Z}/(N-1)\mathbb{Z}, +) \\ &\cong (\mathbb{Z}/(N-1)\mathbb{Z})^\times \end{aligned}$$

となり,同型対応は

$$\begin{array}{ccc} (\mathbb{Z}/(N-1)\mathbb{Z})^\times & \longrightarrow & \mathrm{Aut}_{\mathbb{F}_1}(\mathbb{F}_N) \\ \cup\!\shortmid & & \cup\!\shortmid \\ k & \longmapsto & [k] \end{array}$$

によって与えられる. [証明終]

8.2 絶対合同代数

自然数 N に対して,絶対代数
$$A_N = (\mathbb{Z}/N\mathbb{Z}, \times)$$
を絶対合同代数と呼びます.N が素数のときには

$$A_N \cong \mathbb{F}_N,$$
$$A_N^\times \cong \mathbb{F}_N^\times = \mu_{N-1} = \mu_{\varphi(N)}$$

です．したがって，次が成立します．

定理 8.3 素数 N に対して
$$\mathrm{Aut}_{\mathbb{F}_1}(A_N) = \left\{ [k] \ \middle| \ \begin{array}{l} k = 1, \cdots, \varphi(N) \\ (k, \varphi(N)) = 1 \end{array} \right\}.$$

N が素数でないもののうち，わかりやすい場合を考えておきましょう．

定理 8.4 相異なる素数 p, q に対して $N = pq$ のとき
$$\mathrm{Aut}_{\mathbb{F}_1}(A_N) \supsetneq \left\{ [k] \ \middle| \ \begin{array}{l} k = 1, \cdots, \varphi(N) \\ (k, \varphi(N)) = 1 \end{array} \right\}.$$

[**証明**] $\varphi(N) = (p-1)(q-1)$ に注意する．

(1) $n \equiv 1 \mod \varphi(N)$ なら $a \in \mathbb{Z}/N\mathbb{Z}$ に対して $a^n = a$ が成立することを示す．

もし $a \in (\mathbb{Z}/N\mathbb{Z})^\times$ なら $a^{\varphi(N)} = 1$. よって
$$n = \varphi(N)m + 1 = (p-1)(q-1)m + 1$$
とおくと
$$a^n = (a^{\varphi(N)})^m \cdot a = a.$$

次に，$a \notin (\mathbb{Z}/N\mathbb{Z})^\times$ なら $a = 0, 1, \cdots, N-1$ と書いておいて，$p | a$ または $q | a$ が成立．

- $p, q | a$ なら $a = 0$ より $a^n \equiv a \mod N$.
- $p | a$, $q \nmid a$ なら，$a = p\ell$, $q \nmid \ell$ となり $a^n \equiv a \mod p$ と $a^{q-1} \equiv 1 \mod q$ から $a^n \equiv a \mod N$.
- $p \nmid a$, $q | a$ なら，上と同様．

(2) $(k, \varphi(N)) = 1$ とすれば，$k\ell \equiv 1 \mod \varphi(N)$ となる ℓ がとれる．

すると，(1) より
$$[\ell] \circ [k] = id.$$
よって
$$[k] \in \mathrm{Aut}_{\mathbb{F}_1}(A_N).$$
［証明終］

自然数 $N \geqq 2$ と $(k, \varphi(N)) = 1$ に対して，つねに
$$[k] \in \mathrm{Aut}_{\mathbb{F}_1}(A_N)$$
となるわけではありません．その例として $N = 25$, $k = 3$ のときを考えます．このときは $\varphi(N) = 20$ ですので，$(k, \varphi(N)) = 1$ にはなっています．

問題 8.1

$$\mathrm{Aut}_{\mathbb{F}_1}(A_{25}) \not\ni [3]$$

を示せ．

｜解 答｜

$$[3] : A_{25} \longrightarrow A_{25}$$

が単射でないことを示せばよい．そのためには，たとえば
$$[3](5) = [3](10)$$
を見ればよいが，これは
$$5^3 \equiv 0 \equiv 10^3 \mod 25$$
より成立している． ［解答終］

8.3 暗号

暗号の考え方は簡単です．ある集合 X と Y に対して全単射
$$f : X \to Y$$
があるとき，逆写像

$$f^{-1}: Y \to X$$

が作れます．ここで，

$$\begin{array}{ccccc} X & \xrightarrow{f} & Y & \xrightarrow{f^{-1}} & X \\ \cup & & & & \cup \\ x & & \longmapsto & & x \end{array}$$

となっていますので，暗号作成の

$$\text{暗号化}: X \xrightarrow{f} Y$$

と原文復元の

$$\text{復号化}: Y \xrightarrow{f^{-1}} X$$

とすれば，暗号ができます．X の元を原文，Y の元を暗号文と見ればよいわけです．

ただし，文章ならアルファベット abc…（あいうえお…）や適当な数字列のレベルで変換すれば良いので，$Y = X$ として有限集合

$$A_N = \mathbb{Z}/N\mathbb{Z} = \{0, 1, \cdots, N-1\}$$

をとってくれば充分です．

なお，次節では，A_N の自己同型を用いた暗号について説明しますが，日常生活で使われているスイカ・パスモ・キタカ・イコカ・スゴカ・ハヤカケン・銀行カード・クレジットカード・携帯電話などでの実装には触れません．あくまで，基本的な考え方のみです．興味を持った人は暗号の専門書を絶対数学の観点から読み直してみてください．

8.4 絶対合同代数と暗号

公開鍵暗号で用いられる原理は定理 8.4 です．つまり，N を相異なる素数 p, q の積とし，

$$rs \equiv 1 \mod \varphi(N)$$

となる自然数 r, s をとると（取り方はいろいろ）

$$A_N \xrightarrow[\text{暗号化}]{[r]} A_N \xrightarrow[\text{復号化}]{[s]} A_N$$

によって暗号化と復号化が，べき乗計算のみで容易にできる，というわけです．

現実には，ある人が暗号を受取りたいときには次のようにします．大きい(たとえば300ケタ程度の)相異なる2つの素数 p, q を選んで，積 $N = pq$ を作ります．さらに $\varphi(N)$ と互いに素な自然数 r をとっておきます．そこで，

N と r を公開しておき

$$A_N \xrightarrow{[r]} A_N$$
$$[\text{メッセージ}] \longmapsto [\text{暗号}]$$

によってメッセージを暗号化して送ってもらいます．

このとき，受け取った暗号は

$$A_N \xrightarrow{[s]} A_N$$
$$[\text{暗号}] \longmapsto [\text{メッセージ}]$$

によって原文が復元されるのです．ここで，s は
$$rs \equiv 1 \mod \varphi(N)$$
となる自然数です．

大きい素数では表にするのが大変ですので，大きくない例 $p = 3, q = 11$ でやってみましょう．すると $N = 33, \varphi(N) = 20$ ですので，$r = 3, s = 7$ としておきます．このとき，3乗 $[3]$ と7乗 $[7]$ の絶対自己同型で
$$A_{33} = \{00, \cdots, 32\}$$
がどのように変わるかを書いておきましょう (1ケタのものには便宜上 0 を1個付けて2ケタにしておきました)．ただし，左端は適当にアルファベットを対応させ 00 は空白にしておきました．

		[3]		[7]	
□	00	→	00	→	00
a	01	→	01	→	01
b	02	→	08	→	02
c	03	→	27	→	03
d	04	→	31	→	04
e	05	→	26	→	05
f	06	→	18	→	06
g	07	→	13	→	07
h	08	→	17	→	08
i	09	→	03	→	09
	10	→	10	→	10
	11	→	11	→	11
	12	→	12	→	12
j	13	→	19	→	13
k	14	→	05	→	14
l	15	→	09	→	15
m	16	→	04	→	16
n	17	→	29	→	17
o	18	→	24	→	18
p	19	→	28	→	19
q	20	→	14	→	20
	21	→	21	→	21
	22	→	22	→	22
	23	→	23	→	23
r	24	→	30	→	24
s	25	→	16	→	25
t	26	→	20	→	26
u	27	→	15	→	27
v	28	→	07	→	28
w	29	→	02	→	29
x	30	→	06	→	30
y	31	→	25	→	31
z	32	→	32	→	32

問題8.2

暗号文

[c mrigty xctdaww nsvrqntmcm]

を解読せよ．

CHAPTER 8. **絶対自己同型と暗号**

|解答| 暗号文は数字列で書くと

$$\boxed{03}\ \boxed{00}\ \boxed{16}\ \boxed{24}\ \boxed{09}\ \boxed{07}\ \boxed{26}\ \boxed{31}\ \boxed{00}\ \boxed{30}\ \boxed{03}\ \boxed{26}\ \boxed{04}\ \boxed{01}$$
$$\boxed{29}\ \boxed{29}\ \boxed{00}\ \boxed{17}\ \boxed{25}\ \boxed{28}\ \boxed{24}\ \boxed{20}\ \boxed{17}\ \boxed{26}\ \boxed{16}\ \boxed{03}\ \boxed{16}$$

となり7乗自己同型［7］で移すと

$$\boxed{09}\ \boxed{00}\ \boxed{25}\ \boxed{18}\ \boxed{15}\ \boxed{28}\ \boxed{05}\ \boxed{04}\ \boxed{00}\ \boxed{24}\ \boxed{09}\ \boxed{05}\ \boxed{16}\ \boxed{01}$$
$$\boxed{17}\ \boxed{17}\ \boxed{00}\ \boxed{08}\ \boxed{31}\ \boxed{19}\ \boxed{18}\ \boxed{26}\ \boxed{08}\ \boxed{05}\ \boxed{25}\ \boxed{09}\ \boxed{25}$$

となるので原文は

［i solved riemann hypothesis］
（我リーマン予想証明せり）.　　　　　　　　　　　　［**解答終**］

このように，公開鍵暗号は絶対代数

$$A_N = (\mathbb{Z}/N\mathbb{Z}, \times)$$

の自己同型を巧妙に用いていることがわかります．ここには，和はどこにも出てきません．

8.5　素因数分解の難しさ

公開鍵暗号では N と r は公開されていますので，素因数分解 $N = pq$ がわかってしまうと暗号を破られてしまう可能性が高いです（s としては $rs \equiv 1 \mod (p-1)(q-1)$ となる s をとればよいので）．しかし，素因数分解は一般には時間が非常にかかるため（p, q が300ケタ程度の素数なら600ケタ程度の N になり，素因数分解には数千年くらいは必要なのでしょう）今のところ安全と考えられているようです．

ただし，一応，量子コンピュータの実現には時間がかかると想定してですが．量子コンピュータによって高速で素因数分解ができる

117

ようになる可能性があります．さらに，東工大・物理の西森秀稔教授の発案による量子アニーリングを用いて「D-Waveの量子コンピュータ」は2011年に発売されています（これは，多数の経路から最短路を見つけるタイプの問題に強い）ので，一寸先はわかりません．

この素因数分解の難しさの例として，素数が無限個存在することを示すときに用いられるユークリッド素数列の計算を説明しましょう．

ユークリッド素数列とは，ユークリッド『原論』（BC300頃）にある「素数は無限個存在する」（第9巻，命題20）を証明する際の素数構成法です．『原論』原文の日本語直訳調で紹介しておきましょう：

命題 限りない数の素数が存在する．

[証明] A, B, C を異なる任意の素数として，それ以外の素数 D が存在することを示す．$A \cdot B \cdot C + 1$ を見よ．これを割り切る素数が存在する．その一つを D とする．すると，D は A, B, C とは異なる．なぜなら，D は $A \cdot B \cdot C + 1$ を割り切るが，A, B, C は $A \cdot B \cdot C + 1$ を割り切らないから． [証明終]

ユークリッド『原論』の数論部分はピタゴラス学派（BC500頃イタリア南岸のクロトン ——現在名はクロトーネ—— にて活躍）の数論研究の成果を写したものと考えられますので，上記の証明もピタゴラス学派のものでしょうし，「ユークリッド素数列」という名前も「ピタゴラス素数列」が良いのでしょう．

さて，ユークリッド『原論』第9巻・命題20の証明では，たとえば3個の素数 A, B, C が与えられたとすると，第4の素数 D が存在することを示していて [$A, B, \cdots, C$ が与えられたら，D を $A \cdot B \cdots C + 1$ の素因子とする]，これを繰り返せば，無限個の異なる素数が得られることが示されていて，お見事です．この方法を発見した人（その人は，クロトンの長く続く美しい弓なりの海岸線をピタゴラス学校の行き帰りに散策しながら気付いたように思います）は超一流の数学者ですが，名前を是非知りたいものです．それ

にはタイムマシンが必要のようです．

具体的には，
$$P(1) = 2$$
からはじめて，次の方法で得られる素数列 $P(n)$ $(n = 1, 2, 3, \cdots)$ をユークリッド素数列と呼んでいます：

$n \geqq 2$ のとき $P(n)$ は $P(1) \cdots\cdots P(n-1) + 1$ の最小素因子.

すると，

$P(2)$ は $P(1) + 1 = 3$ の最小素因子 3,

$P(3)$ は $P(1)P(2) + 1 = 7$ の最小素因子 7,

$P(4)$ は $P(1)P(2)P(3) + 1 = 43$ の最小素因子 43,

$P(5)$ は $P(1)P(2)P(3)P(4) + 1 = 1807$ の最小素因子 13,

ですので

$P(1) = 2$,

$P(2) = 3$,

$P(3) = 7$,

$P(4) = 43$,

$P(5) = 13$

と求まります．これまでは手計算でできますが，だんだん難しくなります．それでも，

$P(6)$ は
$$P(1)P(2)P(3)P(4)P(5) + 1 = 23479$$
の最小素因子で 53,

$P(7)$ は
$$P(1)P(2)P(3)P(4)P(5)P(6) + 1 = 1244335$$
の最小素因子で 5,

$P(8)$ は
$$P(1)P(2)P(3)P(4)P(5)P(6)P(7) + 1 = 6221671$$
の最小素因子，というところまできて手が止まる人が多いかも知れません．実は 6221671 は素数です．このようにして，

$P(\ 6\ )=53,$
$P(\ 7\ )=5,$
$P(\ 8\ )=6221671$

まで求まりました．このあちは計算機を用いるのが便利ですが,

$P(\ 9\ )=38709183810571,$
$P(10)=139,$
$P(11)=2801,$
$P(12)=11,$
$P(13)=17,$
$P(14)=5471,$
$P(15)=52662739,$
$P(16)=23003,$
$P(17)=30693651606209$

のようになってくると写すだけで手が痛くなってきます．念のために申しますと，現在までに求まっているのは第 51 項までで，別表のようになっています．

──────── ユークリッド素数列 51 項目まで ────────

$P(\ 1\ )=2,$
$P(\ 2\ )=3,$
$P(\ 3\ )=7,$
$P(\ 4\ )=43,$
$P(\ 5\ )=13,$
$P(\ 6\ )=53,$
$P(\ 7\ )=5,$
$P(\ 8\ )=6221671,$
$P(\ 9\ )=38709183810571,$
$P(10)=139,$
$P(11)=2801,$
$P(12)=11,$
$P(13)=17,$
$P(14)=5471,$
$P(15)=52662739,$

$P(16) = 23003$,
$P(17) = 30693651606209$,
$P(18) = 37$,
$P(19) = 1741$,
$P(20) = 1313797957$,
$P(21) = 887$,
$P(22) = 71$,
$P(23) = 7127$,
$P(24) = 109$,
$P(25) = 23$,
$P(26) = 97$,
$P(27) = 159227$,
$P(28) = 643679794963466223081509857$,
$P(29) = 103$,
$P(30) = 1079990819$,
$P(31) = 9539$,
$P(32) = 3143065813$,
$P(33) = 29$,
$P(34) = 3847$,
$P(35) = 89$,
$P(36) = 19$,
$P(37) = 577$,
$P(38) = 223$,
$P(39) = 139703$,
$P(40) = 457$,
$P(41) = 9649$,
$P(42) = 61$,
$P(43) = 4357$,
$P(44) = 87991098722552272708281251793312351581099392851\\7688937480126037093430$,
$P(45) = 107$,
$P(46) = 127$,
$P(47) = 3313$,
$P(48) = 22743268910858953275498491507577484838667143956\\8260420754414940780761245893$,
$P(49) = 59$,
$P(50) = 31$,
$P(51) = 211$

ここで，まだ求まっていない $P(52)$ を計算するためには $P(1)\cdots P(51)+1$ という335ケタの数（素数でないことはわかっています）の素因子を見つけることになりますので，時間がかかっています．

このようにして，$P(44)$ という68ケタの素数の発見（2010年3月9日），$P(48)$ という75ケタの素数の発見（2012年9月11日）の際と同じような待ち時間が必要となってきます．

なお，『ユークリッド素数列 $P(1), P(2), P(3), \cdots$ にはすべての素数が現れる』という予想がありますが，未解決です．この問題については

> 黒川信重「ユークリッド素数列」『数学セミナー』2008年5月号（p.12-13）

を見てください．

同じことは，初期値 $P(1)$ をどんな素数から出発しても言えるのでしょう．ちなみに，$P(1)=99109$ なら

$P(1)=99109,$
$P(2)=2,$
$P(3)=3,$
$P(4)=5,$
$P(5)=7,$
$P(6)=11,$
$P(7)=13$

となります．さらに，上記の記事で報告済みの通り，初期値を

$P(1)=40645459158254248077887108393961778219$

とすると

$P(2)=2,$
$P(3)=3,$

$P(\ 4\ )=5,$
$P(\ 5\ )=7,$
$P(\ 6\ )=11,$
$P(\ 7\ )=13,$
$P(\ 8\ )=17,$
$P(\ 9\ )=19,$
$P(10)=23,$
$P(11)=29,$
$P(12)=31,$
$P(13)=37,$
$P(14)=41,$
$P(15)=43,$
$P(16)=47,$
$P(17)=53,$
$P(18)=59,$
$P(19)=61,$
$P(20)=67,$
$P(21)=71,$
$P(22)=73,$
$P(23)=79,$
$P(24)=83,$
$P(25)=89,$
$P(26)=97$

と 100 以下の素数 25 個が行儀良く並びます.
素数は楽しいものです.

CHAPTER 9
絶対導分

絶対数学における"微分"を絶対導分として考えます．導分は微分を一般的に定式化した言葉です．絶対導分の要点は，通常の導分において特徴的な「ライプニッツ則」と「線形性（加法性）」のうち後者を排除することです．

▶ 9.1 導分

導分（derivation）は聞き慣れない言葉かも知れません．たしかに，微積分の教科書では「導分」は使わないようです．それでも，導分を導入すると，何を考えているかについて，話がすっきりとしますので，ぜひ，慣れてください．ここでは，普通の意味の導分を説明してから，あとで絶対導分に行きます．

微積分のところでは，関数 $f(x)$ があったときに

$$f'(x) = \lim_{h \to 0} \frac{f(x+h) - f(x)}{h}$$

として微分

$$f'(x) = \frac{d}{dx} f(x)$$

を定義します．そうすると，関数 $f_1(x), f_2(x)$ と定数 c_1, c_2 に対して

$$\begin{cases}(f_1(x)f_2(x))' = f_1'(x)f_2(x) + f_1(x)f_2'(x), \\ (c_1f_1(x) + c_2f_2(x))' = c_1f_1'(x) + c_2f_2'(x)\end{cases}$$

が成立します．前者はライプニッツの法則，後者は線形性です．

このような微分の性質を抜き出して定式化したものが導分です．環 $R \supset R_0$ があったとき

$$\mathrm{Der}_{R_0}(R) = \left\{D : R \to R \,\middle|\, \begin{array}{l}(1)\ D \text{ はライプニッツ則をみたす} \\ (2)\ D \text{ は } R_0 \text{-線形}\end{array}\right\}$$

とおいて，$\mathrm{Der}_{R_0}(R)$ の元を R の（R_0 上の）導分と呼びます．なお，詳しく書きますと次の通りです：

(1) ライプニッツ則：
$$D(ab) = D(a)b + aD(b)$$
がすべての $a, b \in R$ に対して成立．

(2) R_0-線形性：
$$D(c_1 a + c_2 b) = c_1 D(a) + c_2 D(b)$$
がすべての $a, b \in R$ と $c_1, c_2 \in R_0$ に対して成立．

こうすると，(1) のみから，$D(1) = D(0) = 0$ はすぐわかります：

- (1) で $a = b = 1$ とおくと
$$D(1 \cdot 1) = D(1) \cdot 1 + 1 \cdot D(1)$$
となり $D(1) = 0$．

- (1) で $a = b = 0$ とおくと
$$D(0 \cdot 0) = D(0) \cdot 0 + 0 \cdot D(0)$$
となり $D(0) = 0$．

さらに，(2) を用いると $D(-1) = 0$ もわかります：

- (2) で $a = 1$, $b = -1$, $c_1 = c_2 = 1$ とおくと
$$D(0) = D(1) + D(-1)$$
より $D(-1) = 0$．

導分で基本的な $R_0 = \mathbb{Z} \cdot 1_R$ という場合には $\mathrm{Der}_{R_0}(R)$ を簡単に

$\mathrm{Der}_{\mathbb{Z}}(R)$ と書きます:
$$\mathrm{Der}_{\mathbb{Z}}(R) = \left\{ D : R \to R \ \middle| \ \begin{array}{ll} (1) & D(ab) = D(a)b + aD(b) \\ (2) & D(a+b) = D(a) + D(b) \end{array} \right\}$$
ただし，(2) の条件は $D(1) = D(-1) = 0$ を用いると，$c_1, c_2 \in \mathbb{Z}$ に対して
$$D(c_1 a + c_2 b) = c_1 D(a) + c_2 D(b)$$
が成り立つことと同値であることを使っています．

通常の微積分のところでは R として $\mathbb{R}$ 上の微分可能関数全体の作る環や無限回微分可能関数全体の作る環や実解析的関数全体の作る環などを取っていることになります．

簡単のため，ここでは多項式環 $\mathbb{R}[x]$ や $\mathbb{R}[x_1, \cdots, x_\ell]$ で考えてみましょう．

定理 9.1 次が成り立つ．

(1) $\mathrm{Der}_{\mathbb{R}}(\mathbb{R}[x]) = \mathbb{R}[x] \dfrac{d}{dx}$.

(2) $\mathrm{Der}_{\mathbb{R}}(\mathbb{R}[x_1, \cdots, x_\ell]) = \mathbb{R}[x_1, \cdots, x_\ell] \dfrac{\partial}{\partial x_1} + \cdots + \mathbb{R}[x_1, \cdots, x_\ell] \dfrac{\partial}{\partial x_\ell}$.

［証明］
(1) $D \in \mathrm{Der}_{\mathbb{R}}(\mathbb{R}[x])$ とする．

このとき
$$f(x) = \sum_k a(k) x^k \in \mathbb{R}[x]$$
に対して，D の線形性を用いると
$$D(f(x)) = \sum_k a(k) D(x^k)$$
となり，ライプニッツ則から
$$\begin{aligned} D(f(x)) &= \sum_k a(k) k x^{k-1} D(x) \\ &= D(x) \left(\sum_k a(k) k x^{k-1} \right) \\ &= D(x) f'(x) \end{aligned}$$

となる．したがって
$$D = D(x)\frac{d}{dx},$$
$$D(x) \in \mathbb{R}[x]$$
となる．

(2) (1)の計算と全く同様に，$D \in \mathrm{Der}_{\mathbb{R}}(\mathbb{R}[x_1, \cdots, x_\ell])$ と
$$f(x_1, \cdots, x_\ell) = \sum_{k_1, \cdots, k_\ell} a(k_1, \cdots, k_\ell) x_1^{k_1} \cdots x_\ell^{k_\ell}$$
に対して
$$D(f(x_1, \cdots, x_\ell)) = \sum_{k_1, \cdots, k_\ell} a(k_1, \cdots, k_\ell) D(x_1^{k_1} \cdots x_\ell^{k_\ell})$$
をライプニッツ則によって計算することにより
$$D(f(x_1, \cdots, x_\ell)) = D(x_1)\frac{\partial f}{\partial x_1} + \cdots + D(x_\ell)\frac{\partial f}{\partial x_\ell}$$
となる．したがって
$$D = D(x_1)\frac{\partial}{\partial x_1} + \cdots + D(x_\ell)\frac{\partial}{\partial x_\ell},$$
$$D(x_1), \cdots, D(x_\ell) \in \mathbb{R}[x_1, \cdots, x_\ell]$$
が成り立つ． ［証明終］

問題 9.1

次を示せ．
(1) $\mathrm{Der}_{\mathbb{Z}}(\mathbb{Z}) = \{0\}$.
(2) $\mathrm{Der}_{\mathbb{Z}}(\mathbb{Z}[x]) = \mathbb{Z}[x]\dfrac{d}{dx}$.

解答

(1) $D \in \mathrm{Der}_{\mathbb{Z}}(\mathbb{Z})$ とする．前に示した通り
$$D(1) = D(-1) = D(0) = 0$$
である．したがって，線形性を用いると，自然数 n に対して

$$D(n) = D(\overbrace{1+\cdots+1}^{n個}) = D(1)+\cdots+D(1) = 0,$$
$$D(-n) = D((-1)+\cdots+(-1))$$
$$= D(-1)+\cdots+D(-1) = 0,$$

となる，すべての整数 m に対して
$$D(m) = 0.$$
よって，$D = 0$.

(2) $D \in \mathrm{Der}_\mathbb{Z}(\mathbb{Z}[x])$ とする.
$$f(x) = \sum_k a(k)x^k \in \mathbb{Z}[x]$$
に対して，線形性とライプニッツ則により
$$D(f(x)) = \sum_k a(k)D(x^k)$$
$$= \sum_k a(k)kx^{k-1}D(x)$$
$$= D(x)f'(x)$$
となる．よって
$$D = D(x)\frac{d}{dx},$$
$$D(x) \in \mathbb{Z}[x]$$
である． [解答終]

ここまでの導分は「微分」「偏微分」のようなものでしたが，それとは似ても似つかない導分もあります．たとえば，n 次行列環
$$R = M_n(\mathbb{Z})$$
の導分として，内部導分（交換子）
$$D_A(X) = AX - XA = [A, X]$$
があります．ここで，$A \in R$ は固定した行列です．この導分 D_A の線形性は簡単ですが，ライプニッツ則は次のようにわかります：
$$D_A(XY) = AXY - XYA$$
$$= (AX - XA)Y + X(AY - YA)$$
$$= D_A(X)Y + XD_A(Y).$$

この場合（$M_n(\mathbb{C})$ などでも全く同じです）には，古典的な「微分」の感じは残っていません．この導分は量子論の場面によく現れるものです．

9.2 導分と自己同型

環 R の導分と自己同型は粗っぽく言えば，次のように対応しています（リー環とリー群の対応を思い浮かべるといいでしょう）：

$$\begin{array}{ccc} \mathrm{Der}_{R_0}(R) & \longleftrightarrow & \mathrm{Aut}_{R_0}(R) \\ \cup & & \cup \\ D & \longmapsto & \sigma = e^D = \sum_{n=0}^{\infty} \dfrac{D^n}{n!} \end{array}.$$

もちろん，適当な収束性が必要なのですが．この構成において，σ の加法性

$$\sigma(a+b) = \sigma(a) + \sigma(b)$$

は D の加法性（線形性）から

$$\begin{aligned} \sigma(a+b) &= \sum_{n=0}^{\infty} \frac{D^n(a+b)}{n!} \\ &= \sum_{n=0}^{\infty} \frac{D^n(a)}{n!} + \sum_{n=0}^{\infty} \frac{D^n(b)}{n!} \\ &= \sigma(a) + \sigma(b) \end{aligned}$$

と簡単ですし，σ の乗法性

$$\sigma(ab) = \sigma(a)\sigma(b)$$

は D のライプニッツ則と加法性を用いて

$$\sigma(ab) = \sum_{n=0}^{\infty} \frac{D^n(ab)}{n!}$$

$$= \sum_{n=0}^{\infty} \frac{1}{n!} \Big(\sum_{k+\ell=n} \frac{n!}{k!\,\ell!} D^k(a) D^\ell(b) \Big)$$

$$= \sum_{k,\ell \geq 0} \frac{D^k(a) D^\ell(b)}{k!\,\ell!}$$

$$= \Big(\sum_{k=0}^{\infty} \frac{D^k(a)}{k!} \Big) \Big(\sum_{\ell=0}^{\infty} \frac{D^\ell(b)}{\ell!} \Big)$$

$$= \sigma(a)\sigma(b)$$

とわかります.

収束性を気にしないで済む多項式で書いておきましょう.

問題9.2

多項式環 $\mathbb{R}[x]$ を考える.
$$D = \frac{d}{dx} \in \mathrm{Der}_{\mathbb{R}}(\mathbb{R}[x])$$
として, $t \in \mathbb{R}$ に対して
$$\sigma_t = \exp(tD)$$
$$= \sum_{n=0}^{\infty} \frac{t^n}{n!} D^n$$
とおく.

(1) $f(x) \in \mathbb{R}[x]$ に対して
$$\sigma_t(f(x)) = f(x+t)$$
を示せ.

(2) $\sigma_t \in \mathrm{Aut}_{\mathbb{R}}(\mathbb{R}[x])$
を示せ.

(3) $\displaystyle \lim_{t \to 0} \frac{\sigma_t - 1}{t} = D$
を示せ.

解答

(1) 見るべきことは

$$f(x+t) = \sum_{n=0}^{\infty} \frac{f^{(n)}(x)}{n!} t^n$$
$$= \sum_{n=0}^{\deg(f)} \frac{f^{(n)}(x)}{n!} t^n$$

が成立すること（テイラー展開）である．そこで，
$$f(x) = \sum_{k=0}^{m} a(k) x^k$$

としておくと，$f(x) = x^k$ に対して成立することを示せばよいことがわかる．さらに，$f(x) = x^k$ のときは
$$f^{(n)}(x) = n! \binom{k}{n} x^{k-n}$$
$$= \begin{cases} k(k-1)\cdots(k-n+1) x^{k-n} & \cdots n \leq k \text{ のとき} \\ 0 & \cdots n > k \text{ のとき} \end{cases}$$

なので
$$\sum_{n=0}^{k} \frac{f^{(n)}(x)}{n!} t^n = \sum_{n=0}^{k} \binom{k}{n} x^{k-n} t^n$$
$$= (x+t)^k$$
$$= f(x+t)$$

となって，成立が確かめられた．

(2) 示すべきことは
$$\begin{cases} \sigma_t(f(x)g(x)) = \sigma_t(f(x))\sigma_t(g(x)) \\ \sigma_t(f(x) + g(x)) = \sigma_t(f(x)) + \sigma_t(g(x)) \\ \sigma_t \text{ は全単射} \end{cases}$$

であるが，これは(1)よりすぐわかる．なお，
$$\sigma_{t_1+t_2} = \sigma_{t_1} \circ \sigma_{t_2}$$

であり
$$\sigma_t^{-1} = \sigma_{-t}$$

である．

(3) $\displaystyle \lim_{t \to 0} \frac{\sigma_t - \mathbb{1}}{t} (f(x)) = D(f(x))$

つまり

$$\lim_{t\to 0}\frac{\sigma_t(f(x))-f(x)}{t}=f'(x)$$
を示せばよいが，(1) より
$$\sigma_t(f(x))=f(x+t)$$
であるから
$$\lim_{t\to 0}\frac{f(x+t)-f(x)}{t}=f'(x)$$
となって，成立することがわかる． [解答終]

テイラー展開を導分と自己同型から見たわけですが，多変数の場合も全く同様です：自己同型を
$$\sigma_{t_1,\cdots,t_\ell}(f(x_1,\cdots,x_\ell))=f(x_1+t_1,\cdots,x_\ell+t_\ell)$$
とおくと
$$\sigma_{t_1,\cdots,t_\ell}=\exp\left(t_1\frac{\partial}{\partial x_1}+\cdots+t_\ell\frac{\partial}{\partial x_\ell}\right).$$

9.3 導分核

導分 $D\in\mathrm{Der}_{R_0}(R)$ に対して
$$\mathrm{Ker}(D)=\{a\in R\mid D(a)=0\}$$
を導分核と呼びます．

> **定理 9.2** 導分核 $\mathrm{Ker}(D)$ は
> $$R_0\subset\mathrm{Ker}(D)\subset R$$
> をみたす環である．

[証明]
(1) $\mathrm{Ker}(D)$ が R の部分環であること：

$a, b \in \mathrm{Ker}(D)$ に対して
$$\begin{cases} ab \in \mathrm{Ker}(D) \\ a \pm b \in \mathrm{Ker}(D) \end{cases}$$
を示せばよいが，$ab \in \mathrm{Ker}(D)$ は D のライプニッツ則よりの
$$D(ab) = D(a)b + aD(b) = 0 \cdot b + a \cdot 0 = 0$$
からわかり，$a \pm b \in \mathrm{Ker}(D)$ は D の加法性
$$D(a \pm b) = D(a) \pm D(b) = 0 \pm 0 = 0$$
からわかる．

(2) $\mathrm{Ker}(D)$ が R_0 を含むこと：

$a \in R_0$ なら $D(a) = 0$ となることを示せばよい．

これは，D の R_0 線形性より
$$D(1 \cdot a + (-a) \cdot 1) = 1 \cdot D(a) + (-a) \cdot D(1)$$
なので
$$D(0) = D(a) + (-a)D(1)$$
となるが，
$$D(0) = D(1) = 0 \text{ より } D(a) = 0$$
とわかる． [証明終]

問題 9.3

$A = \begin{pmatrix} 0 & 0 & 1 \\ 0 & 1 & 0 \\ 1 & 0 & 0 \end{pmatrix} \in M_3(\mathbb{R})$ に対して，導分
$$D_A \in \mathrm{Der}_\mathbb{R}(M_3(\mathbb{R}))$$
の導分核 $\mathrm{Ker}(D_A)$ と $\mathbb{R}$ 上の次元を求めよ．ただし，
$$D_A(X) = AX - XA.$$

[解答] 一般に $A \in M_n(\mathbb{R})$ に対して
$$\mathrm{Ker}(D_A) = \{X \in M_n(\mathbb{R}) \mid AX = XA\}$$
は A の中心化環（A と可換な行列全体のなす環）である．

今の場合は，具体的に条件

$$\begin{pmatrix} 0 & 0 & 1 \\ 0 & 1 & 0 \\ 1 & 0 & 0 \end{pmatrix} \begin{pmatrix} x_{11} & x_{12} & x_{13} \\ x_{21} & x_{22} & x_{23} \\ x_{31} & x_{32} & x_{33} \end{pmatrix} = \begin{pmatrix} x_{11} & x_{12} & x_{13} \\ x_{21} & x_{22} & x_{23} \\ x_{31} & x_{32} & x_{33} \end{pmatrix} \begin{pmatrix} 0 & 0 & 1 \\ 0 & 1 & 0 \\ 1 & 0 & 0 \end{pmatrix}$$

を解くと

$$X = \begin{pmatrix} x_{11} & x_{12} & x_{13} \\ x_{21} & x_{22} & x_{21} \\ x_{13} & x_{12} & x_{11} \end{pmatrix}$$

$$= x_{11}\begin{pmatrix} 1 & 0 & 0 \\ 0 & 0 & 0 \\ 0 & 0 & 1 \end{pmatrix} + x_{12}\begin{pmatrix} 0 & 1 & 0 \\ 0 & 0 & 0 \\ 0 & 1 & 0 \end{pmatrix} + x_{13}\begin{pmatrix} 0 & 0 & 1 \\ 0 & 0 & 0 \\ 1 & 0 & 0 \end{pmatrix}$$

$$+ x_{21}\begin{pmatrix} 0 & 0 & 0 \\ 1 & 0 & 1 \\ 0 & 0 & 0 \end{pmatrix} + x_{22}\begin{pmatrix} 0 & 0 & 0 \\ 0 & 1 & 0 \\ 0 & 0 & 0 \end{pmatrix}$$

と求まる．よって，次元は

$$\dim_{\mathbb{R}} \mathrm{Ker}(D_A) = 5$$

である． ［解答終］

9.4 絶対導分

絶対導分を考えるために，A を絶対代数とし，R は A を含む環とします．このとき

$$\mathrm{Der}_{\mathbb{F}_1}(A, R) = \left\{ D : A \to R \;\middle|\; \begin{array}{l} \text{ライプニッツ則} \\ D(ab) = D(a)b + aD(b) \\ \text{をみたす} \end{array} \right\}$$

とおき，その元を絶対導分と呼びます．さらに，A が環 R から和を忘れたもの（忘和化）になっているときに

$$\mathrm{Der}_{\mathbb{F}_1}(A) = \mathrm{Der}_{\mathbb{F}_1}(A, R)$$

とおくことにします．

これまでの環の導分の話と異なるところは，条件をライプニッツ則のみに限定していることです．線形性（加法性）を仮定しないので，

絶対導分は"非線形導分"とも言えるでしょう.

問題 9.4

絶対代数 A の絶対導分 $D \in \mathrm{Der}_{\mathbb{F}_1}(A)$ に対して導分核
$$\mathrm{Ker}(D) = \{a \in A \mid D(a) = 0\}$$
は A の部分絶対代数であることを示せ.

[解答] $a, b \in \mathrm{Ker}(D)$ とすると
$$D(ab) = D(a)b + aD(b) = 0 \cdot b + a \cdot 0 = 0$$
より $ab \in \mathrm{Ker}(D)$. また, ライプニッツ則
$$D(1 \cdot 1) = D(1) \cdot 1 + 1 \cdot D(1)$$
より $D(1) = 0$ となるので $1 \in \mathrm{Ker}(D)$. [解答終]

さて, $\mathrm{Der}_{\mathbb{F}_1}((\mathbb{Z}, \times))$ を調べましょう. 素数 p に対して
$$\partial_p : \mathbb{Z} \longrightarrow \mathbb{Z}$$
を
$$\partial_p(a) = \begin{cases} \mathrm{ord}_p(a) \dfrac{a}{p} & \cdots \ a \neq 0 \\ 0 & \cdots \ a = 0 \end{cases}$$
とおきます. $a = p^k \cdot \ell$ ($p \nmid \ell$) のとき
$$\partial_p(a) = kp^{k-1}\ell$$
ですので, 気分は
$$\partial_p = \frac{\partial}{\partial p}$$
です. すると, 次が成立します.

定理 9.3

$$\mathrm{Der}_{\mathbb{F}_1}(\mathbb{Z}, \times) = \widehat{\bigoplus_{p:\text{素数}}} \mathbb{Z}\partial_p = \left\{ \sum_{p:\text{素数}} c_p \partial_p \ \middle| \ \begin{array}{l} c_p \in \mathbb{Z} \\ \text{無限和も含む} \end{array} \right\}.$$

［証明］

(1) $\partial_p \in \mathrm{Der}_{\mathbb{F}_1}((\mathbb{Z}, \times))$ であること：

$a, b \in \mathbb{Z}$ に対して
$$\partial_p(ab) = \partial_p(a)b + a\,\partial_p(b)$$
を示せばよいが，a または b が 0 のときはすぐわかるので $a, b \neq 0$ とする．すると
$$\begin{cases} a = p^{\mathrm{ord}_p(a)} a' \\ b = p^{\mathrm{ord}_p(b)} b' \end{cases}$$
と書けて，$p \nmid a'$, $p \nmid b'$ となる．このとき
$$\partial_p(a) = \mathrm{ord}_p(a) p^{\mathrm{ord}_p(a)-1} a',$$
$$\partial_p(b) = \mathrm{ord}_p(b) p^{\mathrm{ord}_p(b)-1} b'$$
である．一方，
$$ab = p^{\mathrm{ord}_p(a) + \mathrm{ord}_p(b)} a'b'$$
だから
$$\begin{aligned}\partial_p(ab) &= (\mathrm{ord}_p(a) + \mathrm{ord}_p(b)) p^{\mathrm{ord}_p(a) + \mathrm{ord}_p(b)-1} a'b' \\ &= (\mathrm{ord}_p(a) p^{\mathrm{ord}_p(a)-1} a')(p^{\mathrm{ord}_p(b)} b') \\ &\quad + (p^{\mathrm{ord}_p(a)} a')(\mathrm{ord}_p(b) p^{\mathrm{ord}_p(b)-1} b') \\ &= \partial_p(a) b + a\,\partial_p(b)\end{aligned}$$
となってライプニッツ則をみたす．

(2) $D \in \mathrm{Der}_{\mathbb{F}_1}((\mathbb{Z}, \times))$ が ∂_p の和であること：
$$D = \sum_{p:\text{素数}} D(p)\,\partial_p$$
となることを示せばよい．つまり，任意の $m \in \mathbb{Z}$ に対して
$$D(m) = \Big(\sum_{p:\text{素数}} D(p)\,\partial_p\Big)(m)$$
を示すことになる．ここで，
$$\begin{aligned}\text{右辺} &= \sum_{p:\text{素数}} D(p)\,\partial_p(m) \\ &= \sum_{p \mid m} D(p)\,\partial_p(m)\end{aligned}$$
に注意すると

$$D(m) = \sum_{p \mid m} D(p)\, \partial_p(m)$$

を見ればよい.（つまり，各 m については有限和.）

- $m = 0, \pm 1$ のときは両辺 0 で成立する.
- $m \neq 0, \pm 1$ のときは $m = \varepsilon \cdot p_1^{a_1} \cdots p_r^{a_r}$

  （$\varepsilon = \pm 1$, $p_1, \cdots, p_r$ は相異なる素数, $a_1, \cdots, a_r \geq 1$）

と書くことができるので，ライプニッツ則から

$$\begin{aligned}
D(m) &= D(\varepsilon \cdot p_1^{a_1} \cdots p_r^{a_r}) \\
&= \varepsilon D(p_1^{a_1} \cdots p_r^{a_r}) \\
&= \varepsilon \left(\frac{a_1}{p_1} D(p_1) + \cdots + \frac{a_r}{p_r} D(p_r) \right)(p_1^{a_1} \cdots p_r^{a_r}) \\
&= \left(\sum_{j=1}^{r} D(p_j) \frac{a_j}{p_j} \right) m.
\end{aligned}$$

一方,

$$\partial_{p_j}(m) = \frac{a_j}{p_j} m$$

だから

$$\sum_{j=1}^{r} D(p_j)\, \partial_{p_j}(m) = \left(\sum_{j=1}^{r} D(p_j) \frac{a_j}{p_j} \right) m.$$

したがって

$$D = \sum_{p:\text{素数}} D(p)\, \partial_p$$

が成立する. ［証明終］

問題9.5

素数 p に対して導分核 $\mathrm{Ker}(\partial_p)$ を求めよ.

［解答］ 簡単な計算で

$$\mathrm{Ker}(\partial_p) = \{0\} \sqcup \{\pm 1, \pm 2, \cdots, \pm(p-1),$$
$$\pm(p+1), \cdots, \pm(2p-1), \pm(2p+1), \cdots\}$$

とわかる. これは $(\mathbb{Z}, \times)$ の部分絶対代数である. ［解答終］

もう一つ絶対導分の例を見ましょう．

定理 9.4　$\mathrm{Der}_{\mathbb{F}_1}((\mathbb{C}, \times))$ を考える．

(1)　$\alpha \in \mathbb{C}$ に対して
$$D(\alpha) = \begin{cases} (\log|\alpha|)\alpha & \cdots \ \alpha \neq 0 \\ 0 & \cdots \ \alpha = 0 \end{cases}$$
とおくと
$$D \in \mathrm{Der}_{\mathbb{F}_1}((\mathbb{C}, \times))$$
である．

(2)　$t \in \mathbb{R}$ と $\alpha \in \mathbb{C}$ の極座標表示 $\alpha = re^{i\theta}$ に対して
$$\sigma_t(\alpha) = r^{e^t} e^{i\theta}$$
とおくと
$$\sigma_t \in \mathrm{Aut}_{\mathbb{F}_1}((\mathbb{C}, \times))$$
である．さらに，加法群 $\mathbb{R}$ から群 $\mathrm{Aut}_{\mathbb{F}_1}((\mathbb{C}, \times))$ への写像

$$\begin{array}{ccc} \mathbb{R} & \longrightarrow & \mathrm{Aut}_{\mathbb{F}_1}((\mathbb{C}, \times)) \\ \cup & & \cup \\ t & \longmapsto & \sigma_t \end{array}$$

は準同型写像である．

(3)　$\displaystyle\lim_{t \to 0} \frac{\sigma_t - 1}{t} = D$

である．

[証明]

(1)　$\alpha, \beta \in \mathbb{C}$ に対して
$$D(\alpha\beta) = D(\alpha)\beta + \alpha D(\beta)$$
を示せばよい．α または β が 0 のときにはすぐわかるので，$\alpha, \beta \neq 0$ とする．このとき
$$\text{左辺} = (\log|\alpha\beta|)\alpha\beta = (\log|\alpha| + \log|\beta|)\alpha\beta$$
$$= \log|\alpha|\alpha \cdot \beta + \alpha \cdot (\log|\beta|)\beta$$
$$= \text{右辺}$$

となって成立する．

(2) $\sigma_t : \mathbb{C} \to \mathbb{C}$ が全単射であることは見やすい．また，$\alpha, \beta \in \mathbb{C}$ に対して
$$\sigma_t(\alpha\beta) = \sigma_t(\alpha)\sigma_t(\beta)$$
であることも極座標表示からわかる．さらに，$\sigma_{t_1+t_2} = \sigma_{t_1} \circ \sigma_{t_2}$ であり $\sigma_t^{-1} = \sigma_{-t}$ となる．

(3) $\displaystyle\lim_{t \to 0} \frac{\sigma_t - 1}{t}(\alpha) = D(\alpha)$

つまり
$$\lim_{t \to 0} \frac{\sigma_t(\alpha) - \alpha}{t} = D(\alpha)$$
を示せばよい．$\alpha = 0$ のときは両辺とも 0 なので，$\alpha \neq 0$ として極座標表示 $\alpha = re^{i\theta}$ を用いると
$$\begin{aligned}
\text{左辺} &= \lim_{t \to 0} \frac{r^{e^t} e^{i\theta} - re^{i\theta}}{t} \\
&= \left(\lim_{t \to 0} \frac{r^{e^t - 1} - 1}{t} \right) re^{i\theta} \\
&= (\log r) re^{i\theta} \\
&= \text{右辺}
\end{aligned}$$
となって，成立する． 　　　　　　　　　　　　　　　　　　［証明終］

問題9.6

D の導分核 $\mathrm{Ker}(D)$ を求めよ．

［解 答］
$$\begin{aligned}
\mathrm{Ker}(D) &= \{\alpha \in \mathbb{C} \mid D(\alpha) = 0\} \\
&= \{0\} \sqcup \{\alpha \in \mathbb{C} - \{0\} \mid (\log|\alpha|)\alpha = 0\} \\
&= \{0\} \sqcup \{\alpha \in \mathbb{C} - \{0\} \mid |\alpha| = 1\} \\
&= \odot
\end{aligned}$$
となる．ここで○は半径 1 の円，・は原点． 　　　　　　　　　［解答終］

このように見てきますと，絶対導分や絶対自己同型の背後に面白いことがたくさんあることに気付かれたことと思います．絶対微分学も楽しいものです．
　ただし，このようなことを考えるには，他人の目や定説を気にしていてはできません．芭蕉の句

　　　　　　「秋深き隣は何をする人ぞ」

にも

　　　　　「この道や行く人なしに秋の暮れ」

と同じく，理解されない心境が現れているように感じます．先を行くのは孤独なものです．

CHAPTER 10
絶対・三角・ゼータ

　絶対数学とリーマン予想の来し方行く末を思い浮かべましょう．それは日常的にも欠かせないことです．一方，絶対数学を本格的に研究するためには多重三角関数・多重ガンマ関数という技術が必要になってきます．本章は，この方面を簡単な例を扱いつつ解説します．

　とくに，多重三角関数は日本で発見されて成長したものですので，世界中で使われている ── しかも，数学だけでなく物理学などでも ── のは，うれしい限りです．多重三角関数が絶対ゼータ関数の関数等式も統制しているのです．すぐれたものは海の向こうから来る，と思い込んでいる人々には理解できない状況でしょう．

10.1　リーマンの夢

　リーマン歿後150年の2016年になりました．絶対数学の重要な動機となったリーマン予想は，今から157年前の1859年に提出されたものです．

　絶対数学を考える際にはいつでもリーマン予想の風景を心に浮かべておくのが良いです．それは，あたかもフラッシュバックのようになるかも知れませんが，リーマンの夢なのでしょう．

　リーマンはリーマン予想を公表してから1866年7月20日に39

歳で亡くなる（イタリア北部の美しい景色のマジョーレ湖畔で療養中でした）までに7年間ずっとリーマン予想が気がかりだったものと思いますが，どの程度まで研究が進展したのかは定かではありません．

リーマンの主目的は，x 以下の素数の個数関数 $\pi(x)$ を求めることでした．それは，リーマン自身が

『リーマンの明示公式
$$\pi(x) = \sum_{m=1}^{\infty} \frac{\mu(m)}{m} \left(\text{Li}(x^{\frac{1}{m}}) - \sum_{\hat{\zeta}(\rho)=0} \text{Li}(x^{\frac{\rho}{m}}) \right.$$
$$\left. + \int_{x^{\frac{1}{m}}}^{\infty} \frac{du}{u(u^2-1)\log u} - \log 2 \right)$$』

という誰も予想しなかった形で達成しました．

もちろん，『$\hat{\zeta}(\rho) = 0$』という完備リーマンゼータ関数
$$\hat{\zeta}(s) = \zeta(s) \pi^{-\frac{s}{2}} \Gamma\left(\frac{s}{2}\right)$$
$$= \prod_{p:\text{素数}} (1-p^{-s})^{-1} \cdot \pi^{-\frac{s}{2}} \Gamma\left(\frac{s}{2}\right)$$

の零点 ρ をすべて求めないと完全なものにはならないことなど，リーマンは重々承知のことでした．追々求めれば良いと思っていたことでしょうし，命長ければ完成していたことでしょう．リーマンにとっては，

『リーマン予想 $\hat{\zeta}(\rho) = 0$ なら $\text{Re}(\rho) = \frac{1}{2}$』

は ρ を求める第一歩だったのでしょう．さらには，

『$\hat{\zeta}(\rho) = 0$ なら $\rho = \frac{1}{2} + i \boxed{}$』

というより精密に $\boxed{}$ を与える予想もあったのかも知れません．

リーマン予想へのその後の進展はすべてリーマンの夢の中だったように見えますが，もう一度，簡単におさらいしておきましょう．

リーマンの1859年論文が出版された19世紀の後半には，リーマンの論文を良く理解しようとする努力が続きました．その中でも，

CHAPTER 10. 絶対・三角・ゼータ

フォン・マンゴルト（「リーマン論文"与えられた数以下の素数の個数について"について」クレレ誌 64 (1895) 255-305）によって

$$\psi(x) = \sum_{\substack{p^m \leq x \\ p \text{ は素数}, m \geq 1}} \log p$$

に対する明示公式

$$\psi(x) = x - \sum_{\zeta(\rho)=0} \frac{x^\rho}{\rho} - \frac{1}{2}\log\left(1 - \frac{1}{x^2}\right) - \log(2\pi)$$

が得られたことは，素数の分布と零点分布とをリーマンの明示公式より簡明な形で結びつけたもので注目されることです：リーマンの場合には

$$\mathrm{Li}(x) = \int_0^x \frac{du}{\log u}$$

という対数積分が出てきていました．

20 世紀には，リーマン予想を「ゼータ関数の零点は特別な作用素の固有値」と見るヒルベルトやポリヤのアイディア（公には発表されなかったものの語り継がれていました）——つまり，ゼータ関数の行列式表示——という考えに沿って研究が進展しました．その結果

- セルバーグゼータ関数（リーマン面・リーマン多様体のゼータ関数）
- 合同ゼータ関数（有限体上の多様体のゼータ関数）

という2つのゼータ関数族に対して行列式表示が確立され（ともに，1955年～1965年：リーマン予想 100 周年の 1959 年周辺の黄金の 10 年間），その上で，リーマン予想の対応物も証明されました．

このような作用素を用いる考えも含めて，リーマンが夢見なかったとは言えないでしょう．しかも，リーマン面やリーマン多様体のゼータ関数をラプラス・ベルトラミ作用素で行列式表示するというものですから．

21 世紀の「深リーマン予想」と「絶対ゼータ関数」の2つの発展も，リーマンの夢見た「ρ を求めること」への接近であることは間違いありません．それは，量子リーマン空間のゼータ関数の研究というリーマンの夢でもあるのでしょう．

さらに，リーマン予想をリーマンゼータ関数やディリクレ L 関数のみで議論することが慣習となっていますが，これは本質を見失うことです．リーマン予想の本質は普遍性にあります．リーマン予想に触れるなら，せめて，ハッセゼータ関数とアルチン L 関数の行列式表示くらいは取り込んでくれる描像でないと，何のためのリーマン後の 150 年間だったのかと思います．

リーマン予想・リーマンの夢とゼータ関数については次も参照してください．

- 黒川信重「リーマンと数論：リーマン予想の誕生と成長」『数理科学』2015 年 9 月号．

- 黒川信重『ラマヌジャン：ζ の衝撃』現代数学社，2015 年．

- 黒川信重『絶対ゼータ関数論』岩波書店，2016 年．

- 黒川信重『リーマンと数論』共立出版，2016 年．

10.2　絶対ゼータ関数の定式化

絶対ゼータ関数を考えるときには
$$N: \mathbb{R}_{>0} - \{1\} \longrightarrow \mathbb{C}$$
という適当な関数から出発するのがわかり良いですので，しばらくは，ここから話します．

基本的な構成は次の通りです：

(1) $\zeta_N(s)$ は
$$\zeta_N(s) = \exp\left(\frac{\partial}{\partial w} Z_N(w, s) \Big|_{w=0}\right),$$
$$Z_N(w, s) = \frac{1}{\Gamma(w)} \int_1^\infty N(u) u^{-s-1} (\log u)^{w-1} du$$

とおく．

(2)　$N^*(u) = N\left(\dfrac{1}{u}\right)$

とおく．

(3)　$\varepsilon_N(s) = \dfrac{\zeta_{N^*}(-s)}{\zeta_N(s)}$

とおく．

たとえば，$N(u)$ が関数等式
$$N\left(\dfrac{1}{u}\right) = C \cdot u^{-D} N(u)$$
をみたすとき（$C = \pm 1$）は絶対保型形式と呼びたいですが，
$$N^*(u) = C \cdot u^{-D} N(u)$$
より
$$\varepsilon_N(s) = \dfrac{\zeta_N(D-s)^C}{\zeta_N(s)}$$
ですので，$\zeta_N(s)$ は関数等式
$$\zeta_N(D-s)^C = \zeta_N(s)\,\varepsilon_N(s),$$
つまり
$$\zeta_N(D-s) = \zeta_N(s)^C \varepsilon_N(s)^C$$
をもつ，ということになります．

とくに，以前に扱った
$$N(u) = u^\ell (u^{m(1)} - 1) \cdots (u^{m(a)} - 1)$$
のときには，$\zeta_N(s)$ は有理関数となり，$N(u)$ は関数等式
$$N\left(\dfrac{1}{u}\right) = u^{-D} N(u)$$
$$(C = (-1)^a,\ D = 2\ell + \sum_{i=1}^{a} m(i))$$
をみたしていますので
$$\zeta_N(D-s) = \zeta_N(s)^C\,\varepsilon_N(s)^C$$
となっていました．さらに，その場合には，

$$\varepsilon_N(s) = (-1)^{N(1)}$$
$$= \begin{cases} 1 & \cdots \ a \geqq 1 \\ -1 & \cdots \ a = 0 \end{cases}$$

となっています．つまり
$$\zeta_N(D-s) = \begin{cases} \zeta_N(s)^{(-1)^a} & \cdots \ a \geqq 1 \\ -\zeta_N(s) & \cdots \ a = 0 \end{cases}$$

をみたすのでした．

念のため，$a=0$ のときの計算を確認しておきましょう：$N(u) = u^\ell$ ですので
$$Z_N(w,s) = \frac{1}{\Gamma(w)} \int_1^\infty u^{\ell-s-1} (\log u)^{w-1} du$$
$$= (s-\ell)^{-w}$$

から
$$\zeta_N(s) = \frac{1}{s-\ell}$$

となり，$D = 2\ell$ によって
$$\zeta_N(D-s) = \frac{1}{\ell-s} = -\zeta_N(s)$$

です．

本章は，次の定理を目標にしましょう（証明は 10.4 節で）．

定理 10.1

$$N(u) = u^\ell \frac{(u^{m(1)}-1)\cdots(u^{m(a)}-1)}{(u^{n(1)}-1)\cdots(u^{n(b)}-1)}$$

とする：
$$\ell \in \mathbb{Z}, m(1), \cdots, m(a), n(1), \cdots, n(b) \in \mathbb{Z}_{>0}.$$

(1) $\zeta_N(s)$ は，すべての複素数 s に対して有理型関数として解析接続され，リーマン予想をみたす．

(2) $\zeta_N(s)$ は
$$s = \deg(N) = \ell + \sum_i m(i) - \sum_j n(j)$$

において1位の極をもつ.

(3) $\zeta_N(s)$ は,
$$C = (-1)^{a-b}, \ D = 2\ell + \sum_i m(i) - \sum_j n(j)$$
とするとき, 関数等式
$$\zeta_N(D-s) = \zeta_N(s)^C \varepsilon_N(s)^C$$
をみたす. ここで, $\varepsilon_N(s)$ は多重三角関数によって書くことができる.

10.3 多重三角関数

前節の絶対ゼータ関数を研究するには多重三角関数が必須ですので, 多重三角関数の話を簡単にしておきます. 多重三角関数についての詳細は

黒川信重『現代三角関数論』岩波書店, 2013年

を見てください.

多重三角関数は

多重フルビッツゼータ関数
→多重ガンマ関数
→多重三角関数

という流れで構築されました. 記号は上記『現代三角関数』のものを使います.

はじめに $\omega_1, \cdots, \omega_r > 0$ をとってきます (この条件はいろいろとゆるめることが可能です). そのとき, 多重フルビッツゼータ関数は
$$\zeta_r(s, x, (\omega_1, \cdots, \omega_r)) = \sum_{n_1, \cdots, n_r \geq 0} (n_1\omega_1 + \cdots + n_r\omega_r + x)^{-s}$$

です：$\underline{\omega}=(\omega_1,\cdots,\omega_r)$, $\underline{n}=(n_1,\cdots,n_r)$ と書きますと

$$\zeta_r(s,x,\underline{\omega})=\sum_{\underline{n}\geq 0}(\underline{n}\cdot\underline{\omega}+x)^{-s}$$

と短くなります．多重フルビッツゼータ関数の絶対収束域は $\mathrm{Re}(s)>r$ ですが，リーマンの積分表示法を用いて

$$\zeta_r(s,x,\underline{\omega})=\frac{1}{\Gamma(s)}\int_0^\infty \frac{e^{-xt}t^{s-1}}{(1-e^{-\omega_1 t})\cdots(1-e^{-\omega_r t})}dt$$

となり，ここで少し手間をかけることにより，すべての複素数 s へと解析接続ができて，しかも，$s=0$ では正則なことがわかります．

次に，多重ガンマ関数は

$$\Gamma_r(x,\underline{\omega})=\exp\Bigl(\frac{\partial}{\partial s}\zeta_r(s,x,\underline{\omega})\Bigr|_{s=0}\Bigr)$$

と定義され，x についての有理型関数となります．ゼータ正規化積の表示

$$\prod_\lambda \lambda = \exp\Bigl(-\frac{d}{ds}\Bigl(\sum_\lambda \lambda^{-s}\Bigr)\Bigr|_{s=0}\Bigr)$$

を用いると

$$\Gamma_r(x,\underline{\omega})=\Bigl(\prod_{\underline{n}\geq 0}(\underline{n}\cdot\underline{\omega}+x)\Bigr)^{-1}$$

です．この多重ガンマ関数は1904年にバーンズが構成したものを正規化したものです．通常のガンマ関数に対してはレルヒの公式

$$\frac{\Gamma(x)}{\sqrt{2\pi}}=\exp\Bigl(\frac{\partial}{\partial s}\zeta(s,x)\Bigr|_{s=0}\Bigr)$$

によってフルビッツゼータ関数

$$\zeta(s,x)=\sum_{n=0}^\infty (n+x)^{-s}$$

との関数がありましたが，一般の多重ガンマ関数の場合には，その対応を保つように多重ガンマ関数を定義しています．

最後に，多重三角関数は

$$S_r(x,\underline{\omega})=\Gamma_r(x,\underline{\omega})^{-1}\Gamma_r(|\underline{\omega}|-x,\underline{\omega})^{(-1)^r}$$

です．ここで，$|\underline{\omega}|=\omega_1+\cdots+\omega_r$ です．

問題 10.1

$r = 1$ の場合を次のように計算しなさい．

(1) $\zeta_1(s, x, \omega) = \omega^{-s} \zeta\left(s, \dfrac{x}{\omega}\right)$.

(2) $\Gamma_1(x, \omega) = \dfrac{\Gamma\left(\frac{x}{\omega}\right)}{\sqrt{2\pi}} \omega^{\frac{x}{\omega} - \frac{1}{2}}$.

(3) $S_1(x, \omega) = 2\sin\left(\dfrac{\pi x}{\omega}\right)$.

解答

(1) $\displaystyle \zeta_1(s, x, \omega) = \sum_{n=0}^{\infty} (n\omega + x)^{-s}$

$\displaystyle = \omega^{-s} \sum_{n=0}^{\infty} \left(n + \dfrac{x}{\omega}\right)^{-s}$

$= \omega^{-s} \zeta\left(s, \dfrac{x}{\omega}\right)$.

(2) $\dfrac{\partial}{\partial s} \zeta_1(s, x, \omega) \underset{(1)}{=} -(\log \omega) \omega^{-s} \zeta\left(s, \dfrac{x}{\omega}\right) + \omega^{-s} \dfrac{\partial}{\partial s} \zeta\left(s, \dfrac{x}{\omega}\right)$

だから

$$\Gamma_1(x, \omega) = \exp\left(-(\log \omega) \zeta\left(0, \dfrac{x}{\omega}\right) + \dfrac{\partial}{\partial s}\zeta\left(s, \dfrac{x}{\omega}\right)\Big|_{s=0}\right)$$

となり，

$$\zeta\left(0, \dfrac{x}{\omega}\right) = \dfrac{1}{2} - \dfrac{x}{\omega},$$

$$\dfrac{\partial}{\partial s}\zeta\left(s, \dfrac{x}{\omega}\right)\Big|_{s=0} = \log\left(\dfrac{\Gamma\left(\frac{x}{\omega}\right)}{\sqrt{2\pi}}\right) \quad [\text{レルヒの公式}]$$

を用いると

$$\Gamma_1(x, \omega) = \dfrac{\Gamma\left(\frac{x}{\omega}\right)}{\sqrt{2\pi}} \omega^{\frac{x}{\omega} - \frac{1}{2}}$$

を得る．

(3) $S_1(x, \omega) = \Gamma_1(x, \omega)^{-1} \Gamma_1(\omega - x, \omega)^{-1}$

$$\underset{(2)}{=} \left(\frac{\Gamma\left(\frac{x}{\omega}\right)}{\sqrt{2\pi}}\omega^{\frac{x}{\omega}-\frac{1}{2}}\right)^{-1}\left(\frac{\Gamma\left(\frac{\omega-x}{\omega}\right)}{\sqrt{2\pi}}\omega^{\frac{\omega-x}{\omega}-\frac{1}{2}}\right)^{-1}$$

$$= \frac{2\pi}{\Gamma\left(\frac{x}{\omega}\right)\Gamma\left(1-\frac{x}{\omega}\right)}$$

$$= 2\sin\left(\frac{\pi x}{\omega}\right)$$

となる．ただし，最後の等式ではオイラーの公式

$$\frac{\pi}{\Gamma(x)\Gamma(1-x)} = \sin(\pi x)$$

を用いている．　　　　　　　　　　　　　　　　　　　　　　　[解答終]

多重三角関数と多重ガンマ関数の周期性と原点での様子は絶対ゼータ関数論にも重要ですので書いておきましょう．

定理 10.2

$\underline{\omega} = (\omega_1, \cdots, \omega_r)$ に対して
$$\underline{\omega}(i) = (\omega_1, \cdots, \omega_{i-1}, \omega_{i+1}, \cdots, \omega_r)$$
とおく．

(1) 多重ガンマ関数の周期性：
$$\Gamma_r(x+\omega_i, \underline{\omega}) = \Gamma_r(x, \underline{\omega})\Gamma_{r-1}(x, \underline{\omega}(i))^{-1}.$$

(2) 多重三角関数の周期性：
$$S_r(x+\omega_i, \underline{\omega}) = S_r(x, \underline{\omega})S_{r-1}(x, \underline{\omega}(i))^{-1}.$$

(3) 多重ガンマ関数の原点での極：
$\Gamma_r(x, \underline{\omega})$ は $x=0$ において1位の極をもち，その留数は
$$\rho_r(\underline{\omega})^{-1} = \left(\prod_{\substack{\underline{n} \geq \underline{0} \\ \underline{n} \neq \underline{0}}} (\underline{n} \cdot \underline{\omega})\right)^{-1}$$
となる．ここで，$\rho_r(\underline{\omega})$ はスターリング保型形式と呼ばれる関数．

(4) 多重三角関数の原点での零点：

> $S_r(x,\underline{\omega})$ は $x=0$ において 1 位の零点をもち,
> $$S'_r(0,\underline{\omega}) = \rho_r(\underline{\omega})\Gamma_r(|\underline{\omega}|,\underline{\omega})^{(-1)^r}$$
> $$= \Big(\prod_{\substack{\underline{n}\geqq 0 \\ \underline{n}\neq 0}} (\underline{n}\cdot\underline{\omega})\Big)\cdot\Big(\prod_{\underline{n}\geqq 1}(\underline{n}\cdot\underline{\omega})\Big)^{(-1)^{r-1}}.$$

証明等については『現代三角関数論』を読んでください:

(1)は定理 3.5.1,
(2)は定理 5.3.1,
(3)は定理 3.3.1,
(4)は定理 5.2.2.

なお,今まで(表面的には)$r\geqq 1$ のように話してきましたが,(1)(2) でわかるように,$r=1$ の場合を考えるときにも $r=0$ の場合が必要となりますので,$r=0$ のときを改めて書いておきます(詳しくは『現代三角関数論』参照):

$$\zeta_0(s,x,\phi) = x^{-s},$$
$$\Gamma_0(x,\phi) = \exp\Big(\frac{\partial}{\partial s}\zeta_0(s,x,\phi)\Big|_{s=0}\Big)$$
$$= \frac{1}{x},$$
$$S_0(x,\phi) = \Gamma_0(x,\phi)^{-1}\Gamma_0(|\phi|-x,\phi)$$
$$= \Big(\frac{1}{x}\Big)^{-1}\cdot\Big(\frac{1}{-x}\Big)$$
$$= -1.$$

たとえば,$r=1, \omega=1$ のときは定理 10.2 (2) は
$$S_1(x+1,1) = S_1(x,1)\,S_0(x,\phi)^{-1}$$
となっています.これは,
$$S_1(x,1) = 2\sin(\pi x),$$
$$S_0(x,\phi) = -1$$
を使って
$$\sin(\pi(x+1)) = -\sin(\pi x)$$

を言っていることになります．また，定理 10.2 (1) は
$$\Gamma_1(x+1, 1) = \Gamma_1(x, 1)\Gamma_0(x, \phi)^{-1}$$
となっていて，
$$\frac{\Gamma(x+1)}{\sqrt{2\pi}} = \frac{\Gamma(x)}{\sqrt{2\pi}} \cdot \left(\frac{1}{x}\right)^{-1},$$
つまり
$$\Gamma(x+1) = \Gamma(x)x$$
を言っていることになります．

10.4 定理 10.1 の証明

この節では定理 10.1 の証明を前節で用意した多重三角関数・多重ガンマ関数を使って行います．

[定理 10.1 の証明]

(1) $N(u) = u^\ell \dfrac{(u^{m(1)}-1)\cdots(u^{m(a)}-1)}{(u^{n(1)}-1)\cdots(u^{n(b)}-1)}$

$= u^\ell \dfrac{\sum_{I\subset\{1,\cdots,a\}}(-1)^{a-|I|}u^{m(I)}}{(u^{n(1)}-1)\cdots(u^{n(b)}-1)}$

$= \sum_{I\subset\{1,\cdots,a\}}(-1)^{a-|I|}u^{\deg(N)}\dfrac{u^{-m(\{1,\cdots,a\}-I)}}{(1-u^{-n(1)})\cdots(1-u^{-n(b)})}$

$= \sum_{I\subset\{1,\cdots,a\}}(-1)^{|I|}u^{\deg(N)}\dfrac{u^{-m(I)}}{(1-u^{-n(1)})\cdots(1-u^{-n(b)})}$

と展開しておく．ただし，最後の等式では I を補集合と入れ換えている．また，
$$m(I) = \sum_{i\in I} m(i).$$
すると

$$Z_N(w,s) = \frac{1}{\Gamma(w)} \int_1^\infty N(u) u^{-s-1} (\log u)^{w-1} du$$

$$= \frac{1}{\Gamma(w)} \int_0^\infty N(e^t) e^{-st} t^{w-1} dt$$

$$= \sum_{I \subset \{1,\cdots,a\}} (-1)^{|I|} \frac{1}{\Gamma(w)} \int_0^\infty \frac{e^{-(s-\deg(N)+m(I))t}}{(1-e^{-n(1)t})\cdots(1-e^{-n(b)t})} dt$$

$$= \sum_{I \subset \{1,\cdots,a\}} (-1)^{|I|} \zeta_b(w, s-\deg(N)+m(I), \underline{n})$$

となる.ここで,

$$\underline{n} = (n(1),\cdots,n(b)).$$

したがって,

$$\zeta_N(s) = \prod_{I \subset \{1,\cdots,a\}} \Gamma_b(s-\deg(N)+m(I), \underline{n})^{(-1)^{|I|}}$$

は,すべての複素数 s に対して有理型関数となる.さらに,零点と極は整数となり,リーマン予想が成立する.

ちなみに,$N(u)$ の分母が 1 ($b=0$) の場合は有理関数

$$\zeta_N(s) = \prod_{I \subset \{1,\cdots,a\}} (s-\deg(N)+m(I))^{(-1)^{|I|+1}}$$

であり ($\Gamma_0(x) = 1/x$), $N(u)$ の分子が 1 ($a=0$) の場合には

$$\zeta_N(s) = \Gamma_b(s-\deg(N), \underline{n})$$

となる.

(2) 上の表示から

$$\zeta_N(s) = \Gamma_b(s-\deg(N), \underline{n}) \times \prod_{I \neq \phi} \Gamma_b(s-\deg(N)+m(I), \underline{n})^{(-1)^{|I|}}$$

となるので,$\zeta_N(s)$ は $s=\deg(N)$ において 1 位の極をもち,留数は

$$\mathrm{Res}_{s=\deg(N)} \zeta_N(s) = \rho_b(\underline{n})^{-1} \times \prod_{I \neq \phi} \Gamma_b(m(I), \underline{n})^{(-1)^{|I|}}$$

となる.

(3) $N^*(u) = N\left(\frac{1}{u}\right) = (-1)^{a-b} u^{-(\ell+\deg(N))} N(u)$

より

$$\zeta_{N^*}(s) = \zeta_N(s+\ell+\deg(N))^{(-1)^{a-b}}$$

となるので

$$\varepsilon_N(s) = \frac{\zeta_{N^*}(-s)}{\zeta_N(s)}$$

$$= \frac{\zeta_N(\ell+\deg(N)-s)^{(-1)^{a-b}}}{\zeta_N(s)}$$

である．したがって，$\zeta_N(s)$ は関数等式

$$\zeta_N(\ell+\deg(N)-s)^{(-1)^{a-b}} = \zeta_N(s)\,\varepsilon_N(s)$$

をみたす．

以下，$\varepsilon_N(s)$ を求める．(1) の表示より

$$\varepsilon_N(s) = \frac{\prod_{I\subset\{1,\cdots,a\}}\Gamma_b(\ell+m(I)-s,\underline{n})^{(-1)^{a-b-|I|}}}{\prod_{I\subset\{1,\cdots,a\}}\Gamma_b(s-\deg(N)+m(I),\underline{n})^{(-1)^{|I|}}}$$

となるので，分子の I を補集合でおきかえることにより

$$\varepsilon_N(s) = \frac{\prod_{I\subset\{1,\cdots,a\}}\Gamma_b\!\left(\ell+\sum_i m(i)-m(I)-s,\underline{n}\right)^{(-1)^{|I|-b}}}{\prod_{I\subset\{1,\cdots,a\}}\Gamma_b(s-\deg(N)+m(I),\underline{n})^{(-1)^{|I|}}}$$

$$= \prod_{I\subset\{1,\cdots,a\}}\bigl(\Gamma_b(s-\deg(N)+m(I),\underline{n})^{-1}$$

$$\Gamma_b(|\underline{n}|-s+\deg(N)-m(I),\underline{n})^{(-1)^b}\bigr)^{(-1)^{|I|}}$$

$$= \prod_{I\subset\{1,\cdots,a\}}S_b(s-\deg(N)+m(I),\underline{n})^{(-1)^{|I|}}$$

と多重三角関数による明示公式を得る．とくに，$N(u)$ の分母が 1 $(b=0)$ の場合には

$$\varepsilon_N(s) = \prod_{I\subset\{1,\cdots,a\}}S_0(s-\deg(N)+m(I))^{(-1)^{|I|}}$$

$$= (-1)^{\sum_I(-1)^{|I|}}$$

$$= (-1)^{(1-1)^a}$$

$$= \begin{cases} 1 & \cdots\ a \geq 1 \\ -1 & \cdots\ a = 0 \end{cases}$$

となる． [証明終]

問題10.2

自然数 $m, n \geq 1$ に対して
$$N(u) = \frac{u^m - 1}{u^n - 1}$$
とする.

(1) $\zeta_N(s)$ の $s = \deg(N) = m - n$ における留数 $R(N)$ を求めよ.

(2) $n = 1, 2$ のときに次を示せ：
$$R(N) \text{ が有理数} \Leftrightarrow n | m.$$

解答

(1) 定理10.1の証明より
$$\zeta_N(s) = \frac{\Gamma_1(s + n - m, n)}{\Gamma_1(s + n, n)}$$
となる（第5章, 定理5.2も参照）. ここで,
$$\Gamma_1(x, \omega) = \frac{\Gamma(\frac{x}{\omega})}{\sqrt{2\pi}} \omega^{\frac{x}{\omega} - \frac{1}{2}}$$
を用いると
$$\zeta_N(s) = \frac{\Gamma\left(\frac{s - m + n}{n}\right)}{\Gamma\left(\frac{s + n}{n}\right)} n^{-\frac{m}{n}}$$
となる. したがって, $s = m - n$ における留数 $R(N)$ は
$$R(N) = \frac{n^{\frac{n-m}{n}}}{\Gamma(\frac{m}{n})}$$
となる.

(2) まず, $n = 1$ のときには留数は
$$R(N) = \frac{1}{\Gamma(m)} = \frac{1}{(m-1)!} = \frac{m}{m!}$$
という有理数となる. 次に, $n = 2$ のときは

$$R(N) = \frac{2^{\frac{2-m}{2}}}{\Gamma(\frac{m}{2})}$$

$$= \frac{m}{m!!} \times \begin{cases} 1 & \cdots\ m:偶数 \\ \sqrt{\dfrac{2}{\pi}} & \cdots\ m:奇数 \end{cases}$$

であり,

$$R(N) = \begin{cases} 有理数 & \cdots\ m:偶数 \\ 超越数 & \cdots\ m:奇数 \end{cases}$$

となるので

$$R(N) は有理数 \iff 2\mid m$$

がわかる.なお,$\Gamma\left(\dfrac{1}{3}\right),\ \Gamma\left(\dfrac{2}{3}\right),\ \Gamma\left(\dfrac{1}{4}\right),\ \Gamma\left(\dfrac{3}{4}\right)$ が超越数という証明されている事実を用いると,$n=3,4$ でも全く同じことが成立する.実際,一般にして,

$$m = n\ell + k,\ k = 1, \cdots, n$$

のとき

$$R(N) = \frac{m \cdot n^{1-\frac{k}{n}}}{m(m-n)(m-2n)\cdots k} \Gamma\left(\frac{k}{n}\right)^{-1}$$

$$= \frac{m}{\underbrace{m!\cdots!}_{n個}} \cdot n^{1-\frac{k}{n}} \cdot \Gamma\left(\frac{k}{n}\right)^{-1}$$

となっている. [解答終]

CHAPTER 11
絶対オイラー積

　絶対ゼータ関数は，もともと，ハッセゼータ関数のオイラー積表示から p-オイラー因子（合同ゼータ関数）を取り出して，$p \to 1$ として得られました．通常のゼータ関数とは違い簡単な有理関数も出てきて，オイラー積表示は期待することはできないものと見るのが普通でしょう．しかし，絶対ゼータ関数をより良く理解するには"オイラー積"は必須と思います．本章では"オイラー積"の意味を考えてみましょう．

11.1　オイラー積の歴史

オイラー積は 1737 年にオイラーによって発見されました：

L.Euler "Varie observationes circa series infinitas" Comm.acad. scient. Petropolitanae 9（1737）160-188 ［全集 I-14, p.216-244］.

この論文ではオイラー積の 2 つの場合が書かれています．1 つ目は定理 8 の

$$\sum_{n=1}^{\infty} n^{-s} = \prod_{p：素数} (1-p^{-s})^{-1}$$

で，2 つ目は定理 11 の

$$\sum_{n:\text{奇数}} (-1)^{\frac{n-1}{2}} n^{-s} = \prod_{p:\text{奇素数}} (1-(-1)^{\frac{p-1}{2}} p^{-s})^{-1}$$

です．オイラーは関数に名前を付けていませんし，和や積の記号も使っていませんが，引用に不便ですので，リーマン(1859年)とディリクレ(1837年)にならって，前者を $\zeta(s)$，後者を $L(s)$ と書くことにします．

証明は，よく知られている通り，素数に関する積を公式

$$\frac{1}{1-x} = 1+x+x^2+x^3+\cdots \quad (|x|<1)$$

を用いて展開すればよいのです：$\text{Re}(s)>1$ とすると，

$$\begin{aligned}
\zeta(s) &= (1-2^{-s})^{-1}(1-3^{-s})^{-1}(1-5^{-s})^{-1}(1-7^{-s})^{-1}(1-11^{-s})^{-1}\times\cdots \\
&= (1+2^{-s}+4^{-s}+8^{-s}+\cdots)(1+3^{-s}+9^{-s}\cdots) \\
&\quad (1+5^{-s}+25^{-s}+\cdots)(1+7^{-s}+49^{-s}+\cdots)(1+11^{-s}+\cdots)\times\cdots \\
&= 1+2^{-s}+3^{-s}+4^{-s}+5^{-s}+6^{-s}+7^{-s}+8^{-s} \\
&\quad +9^{-s}+10^{-s}+11^{-s}+12^{-s}+\cdots \\
L(s) &= (1+3^{-s})^{-1}(1-5^{-s})^{-1}(1+7^{-s})^{-1}(1+11^{-s})^{-1}(1-13^{-s})^{-1}\times\cdots \\
&= (1-3^{-s}+9^{-s}-27^{-s}+\cdots)(1+5^{-s}+25^{-s}+\cdots)(1-7^{-s}+\cdots) \\
&\quad (1-11^{-s}+\cdots)(1+13^{-s}+\cdots)\times\cdots \\
&= 1-3^{-s}+5^{-s}-7^{-s}+9^{-s}-11^{-s}+13^{-s}-15^{-s}+\cdots.
\end{aligned}$$

これらは，素因数分解とその一意性を表現している等式です．このように展開すれば普通の人にも確認できますが，もちろん，オイラー積が存在すること ——因数分解できること—— の発見はオイラーのような人でないと無理です．これは，たいていの数学は観賞することができますが，それらを発見することはごくわずかの人の長い期間にわたっての研究に限られてくることの典型的な例です．

オイラーがオイラー積をどのように書いていたか原論文で少し見ておきましょう．応用例を取り上げます．オイラーは

$$\zeta(2) = \frac{\pi^2}{6},$$
$$\zeta(4) = \frac{\pi^4}{90}$$

などを1735年に証明していましたので，オイラーの書き方では

$$\frac{\pi^2}{6} = \frac{4 \cdot 9 \cdot 25 \cdot 49 \cdot 121 \cdot 169 \cdot 289 \cdots}{3 \cdot 8 \cdot 24 \cdot 48 \cdot 120 \cdot 168 \cdot 288 \cdots},$$

つまり

$$\frac{\pi^6}{6} = \prod_{p:素数} \frac{p^2}{p^2-1} \qquad \cdots ①$$

や

$$\frac{\pi^2}{15} = \frac{4 \cdot 9 \cdot 25 \cdot 49 \cdot 121 \cdot 169 \cdot 289 \cdots}{5 \cdot 10 \cdot 26 \cdot 50 \cdot 122 \cdot 170 \cdot 290 \cdots},$$

つまり

$$\frac{\pi^2}{15} = \prod_{p:素数} \frac{p^2}{p^2+1} \qquad \cdots ②$$

を注意しています.後者は

$$\frac{\pi^4}{90} = \prod_{p:素数} \frac{p^4}{p^4-1}$$

を①で割って得られます.さらに,①を②で割って

$$\frac{5}{2} = \frac{5 \cdot 10 \cdot 26 \cdot 50 \cdot 122 \cdot 170 \cdot 290 \cdots}{3 \cdot 8 \cdot 24 \cdot 48 \cdot 120 \cdot 168 \cdot 288 \cdots},$$

つまり

$$\frac{5}{2} = \prod_{p:素数} \frac{p^2+1}{p^2-1}$$

という驚くべき等式を出しています.

ここで,$p=2$ の部分を左辺に移して,

$$\frac{3}{2} = \frac{5 \cdot 13 \cdot 25 \cdot 61 \cdot 85 \cdot 145 \cdots}{4 \cdot 12 \cdot 24 \cdot 60 \cdot 84 \cdot 144 \cdots}$$

$$= \prod_{p:奇素数} \frac{\frac{p^2+1}{2}}{\frac{p^2-1}{2}}$$

という見事な等式を定理9としています.

このオイラー積の発見された年1737年がゼータ関数の研究が真に始まったときと言えます(「ゼータ」という名前は,あとでリーマンが付けますが).その後,ゼータ関数とは——とくに,リーマン予想関係の研究対象になるものは——オイラー積をもつものが中心になってきます.

ちなみに，オイラー積を（一般には）もたないゼータ関数として有名なものにフルビッツゼータ関数

$$\zeta(s,x) = \sum_{n=0}^{\infty} (n+x)^{-s}$$

があります．ここで，$0 < x \leq 1$ としますと

$$\zeta(s,x) = \begin{cases} \zeta(s) = \prod_{p:\text{素数}} (1-p^{-s})^{-1} \\ \qquad\qquad \text{オイラー積をもつ}\cdots x=1 \\ (2^s-1)\zeta(s) = 2^s \prod_{p:\text{奇素数}} (1-p^{-s})^{-1} \\ \qquad\qquad \text{オイラー積をもつ}\cdots x=\dfrac{1}{2} \\ \text{オイラー積をもたない} \qquad \cdots x \neq \dfrac{1}{2}, 1 \end{cases}$$

となっています．さらに，$x=1, x=\dfrac{1}{2}$ のときのリーマン予想は基本的に $\zeta(s)$ のリーマン予想から従いますが，$x \neq \dfrac{1}{2}, 1$ の場合には「リーマン予想」が不成立であることが知られています．たとえば，任意の $\varepsilon > 0$ に対して，$1 < \text{Re}(s) < 1+\varepsilon$ に $\zeta(s,x) = 0$ という（虚の）零点 s が存在することが証明できます．とくに，$x \neq \dfrac{1}{2}, 1$ のとき $\zeta(s,x)$ は $\text{Re}(s) > 1$ に無限個の零点をもっています．その上，$0 < \text{Re}(s) < 1$ においても，$\text{Re}(s) = \dfrac{1}{2}$ 上以外に無限個の零点が存在することも示されます．

このように，オイラー積をもたないゼータ関数はリーマン予想の対象からは，はずされたわけです．しかし，これは，そのようなゼータ関数の研究に意味がないと言っているのではないですので誤解しないでください．フルビッツゼータ関数の場合だけでも

$$\exp\left(\dfrac{\partial}{\partial s}\zeta(s,x)\bigg|_{s=0}\right) = \dfrac{\Gamma(x)}{\sqrt{2\pi}}$$

というレルヒの公式（1894年）は，多重ガンマ関数・多重三角関数・絶対ゼータ関数への道を示していたのです．

CHAPTER 11. 絶対オイラー積

オイラー積と関数等式（ともに，発見はオイラー）によって，「リーマン予想の成立するゼータ関数とはオイラー積表示と関数等式をもつもの」というリーマン予想に接近する方針が見えてきました．つまり，リーマン予想をみたさない例が次のようにできてきます．

$$\begin{cases} \bullet \text{ 関数等式をみたすがオイラー積をもたないもの:} \\ \quad \text{フルビッツゼータ関数の線形結合など．} \\ \bullet \text{ オイラー積をもつが関数等式をみたさないもの:} \\ \quad \prod_p (1-2p^{-s})^{-1} \text{ など．} \end{cases}$$

ここで，$\prod_{p:\text{素数}}(1-2p^{-s})^{-1}$ は $\mathrm{Re}(s)>0$ では有理型に解析接続できて $\mathrm{Re}(s)=0$ を自然境界にもち（エスターマン，1928 年），リーマン予想をみたしません．$\prod_{\substack{p\equiv 1 \bmod 4 \\ \text{素数}}}(1-p^{-s})^{-1}$ も $\mathrm{Re}(s)>0$ には解析接続可能ですが $\mathrm{Re}(s)=0$ を自然境界にもち（黒川，1987 年），リーマン予想をみたしません．

オイラー積をもつゼータ関数の発見は，数論の発展段階を表していると見ることができます：

(1) オイラー（$\zeta(s)$, $L(s)$）　1737 年

(2) ディリクレ（ディリクレ L 関数）1837 年

(3) デデキント（デデキントゼータ関数）19 世紀後半

(4) 合同ゼータ関数（コルンブルム，アルチン，ヴェイユ，グロタンディーク）20 世紀

(5) ハッセゼータ関数（ハッセ）20 世紀中頃

(6) 保型形式のゼータ関数（ラマヌジャン，ヘッケ，ラングランズ）20 世紀

(7) ガロア表現のゼータ関数（アルチン，谷山，セール）20 世紀

(8) セルバーグゼータ関数（セルバーグ）20世紀中頃

(9) グラフのゼータ関数（伊原，セール）20世紀後半．

これらの各々についてオイラー積の由来や性質を書いていますと数冊の本でも足りない程になりますので，ほんのさわりだけ触れますが，オイラー積は，いずれの場合も「素なもの上の積」です．

(1)は
$$\zeta(s) = \prod_{p:素数} (1-p^{-s})^{-1},$$
$$L(s) = \prod_{p:奇素数} (1-(-1)^{\frac{p-1}{2}}p^{-s})^{-1}.$$

(2)はディリクレ指標 χ に対して
$$L(s, \chi) = \prod_{p:素数} (1-\chi(p)p^{-s})^{-1}. \quad [これは(1)を含む．]$$

(3)は代数体 K（有理数体 $\mathbb{Q}$ の有限次拡大体）のゼータ関数（正確には，K の整数環 $\mathcal{O}_K$ のゼータ関数）で
$$\zeta_{\mathcal{O}_K}(s) = \prod_{\substack{P \subset \mathcal{O}_K \\ 極大イデアル}} (1-N(P)^{-s})^{-1}.$$

ここで，$N(P) = |\mathcal{O}_K/P|$．$[K = \mathbb{Q}$ のときは $\zeta_\mathbb{Z}(s) = \zeta(s)$，$K = \mathbb{Q}(\sqrt{-1})$ のときは $\zeta_{\mathbb{Z}[\sqrt{-1}]}(s) = \zeta(s)L(s)$．$]$

(4)は有限体 $\mathbb{F}_q$ 上の代数多様体・スキーム X のゼータ関数で
$$\zeta_{X/\mathbb{F}_q}(s) = \prod_{\substack{x \in |X| \\ 閉点}} (1-N(x)^{-s})^{-1}.$$

別の書き方では，
$$\zeta_{X/\mathbb{F}_q}(s) = \exp\left(\sum_{m=1}^{\infty} \frac{|X(\mathbb{F}_{q^m})|}{mq^{ms}}\right)$$

となりオイラー積には見えません．後者が通常使われていますので，「合同ゼータ関数のオイラー積」を忘れがちなのですが，オイラー積を

$$\zeta_{X/\mathbb{F}_q}(s) = \prod_{n=1}^{\infty}(1-q^{-ns})^{-\kappa_{X/\mathbb{F}_q}(n)},$$

$$\kappa_{X/\mathbb{F}_q}(n) = |\{x \in |X| \,|\, N(x) = q^n\}|$$

と明示しておけば忘れないでしょう．

(5) は $\mathbb{Z}$ 上の代数多様体・スキーム X のゼータ関数で

$$\zeta_{X/\mathbb{Z}}(s) = \prod_{\substack{x \in |X| \\ \text{閉点}}}(1-N(x)^{-s})^{-1}.$$

別の書き方をしますと，

$$\zeta_{X/\mathbb{Z}}(s) = \prod_{p:\text{素数}}\zeta_{X/\mathbb{F}_p}(s),$$

あるいは

$$\zeta_{X/\mathbb{Z}}(s) = \exp\Big(\sum_{p:\text{素数}}\sum_{m=1}^{\infty}\frac{|X(\mathbb{F}_{p^m})|}{mp^{ms}}\Big). \quad [\,(3)(4) \text{を含む．}\,]$$

(6) は $GL(s)$ の保型形式 f の場合には

$$L(s,f) = \prod_{p:\text{素数}}\det(1-M_p(f)p^{-s})^{-1},$$

$M_p(f) \in GL(n,\mathbb{C})$ は佐武パラメーター．

$[\,n=1$ の場合として $(1)(2)$ を含む．$]$

(7) はガロア表現

$$\rho : \mathrm{Gal}(\overline{\mathbb{Q}}/\mathbb{Q}) \longrightarrow GL(n,\mathbb{C}) \quad (\text{または } GL(n,\mathbb{Q}_\ell) \text{ など})$$

に対して

$$L(s,\rho) = \prod_{p:\text{素数}}\det(1-\rho(\mathrm{Frob}_p)p^{-s})^{-1},$$

$\mathrm{Frob}_p \in \mathrm{Gal}(\overline{\mathbb{Q}}/\mathbb{Q})$ はフロベニウス元．

(8) は適当な群の組 $G \supset \Gamma$ に対して

$$\zeta_{\Gamma\backslash G}(s) = \prod_{P \in \mathrm{Prim}(\Gamma)}(1-N(P)^{-s})^{-1}.$$

さらには，表現 $\rho : \Gamma \longrightarrow GL(n,\mathbb{C})$ に対して

$$\zeta_{\Gamma\backslash G}(s,\rho) = \prod_{P \in \mathrm{Prim}(\Gamma)}\det(1-\rho(P)N(P)^{-s})^{-1}.$$

ここで，$\mathrm{Prim}(\Gamma) = \{\,\Gamma$ の素な共役類 $\}$．

(9) グラフ (有向) X に対して

$$\zeta_X(s) = \prod_{P \in \mathrm{Prim}(X)} (1 - N(P)^{-s})^{-1} = Z_X(u).$$

ここで,$\mathrm{Prim}(X) = \{X \text{ の素なサイクル}\}$,$N(P) = e^{\ell(P)}$,$\ell(P)$ は P の長さ,

$$Z_X(u) = \prod_{P \in \mathrm{Prim}(X)} (1 - u^{\ell(P)})^{-1},$$
$$u = e^{-s}.$$

オイラー積の具体的な計算例を一つやっておくことにします.そのために,(5) において

$$X = \mathbb{A}_{\mathbb{Z}}^1 = \mathrm{Spec}(\mathbb{Z}[T])$$

という場合を考えます.このとき,オイラー積は

$$\zeta_{X/\mathbb{Z}}(s) = \prod_{\substack{x \in |X| \\ \text{閉点}}} (1 - N(x)^{-s})^{-1}$$
$$= \prod_{p: \text{素数}} \prod_{n=1}^{\infty} (1 - p^{-ns})^{-\kappa_{X/\mathbb{F}_p}(n)}$$
$$\kappa_{X/\mathbb{F}_p}(n) = \frac{1}{n} \sum_{m|n} \mu\left(\frac{n}{m}\right) p^m \in \mathbb{Z}_{>0}$$

となります:

$$\kappa_{X/\mathbb{F}_p}(n) = |\{x \in |X| \,|\, N(x) = p^n\}|.$$

なお,これとそっくりの式が第 2 章「一元体」のところで出てきていましたので思い出してください:

$$1 - pu = \prod_{n=1}^{\infty} (1 - u^n)^{\kappa_p(n)},$$
$$\kappa_p(n) = \frac{1}{n} \sum_{m|n} \mu\left(\frac{n}{m}\right) p^m.$$

さて,$X = \mathbb{A}_{\mathbb{Z}}^1$ の場合には,ハッセゼータ関数は

$$\zeta_{X/\mathbb{Z}}(s) = \prod_{p: \text{素数}} \zeta_{X/\mathbb{F}_p}(s)$$

となっていて，合同ゼータ関数のオイラー積表示は

$$\zeta_{X/\mathbb{F}_p}(s) = \prod_{x \in |X \otimes \mathbb{F}_p|} (1 - N(x)^{-s})^{-1}$$
$$= \prod_{n=1}^{\infty} (1 - p^{-ns})^{-\kappa_{X/\mathbb{F}_p}(n)}$$

となっています．前にも言いましたが，合同ゼータ関数にはオイラー積表示はない，と思っている人を見かけますが，誤解ですので，くれぐれも注意してください．

ところで，$X = \mathbb{A}_{\mathbb{Z}}^1$ のとき，合同ゼータ関数のオイラー積の掛け算を実行します（第2章参照）と

$$\zeta_{X/\mathbb{F}_p}(s) = \frac{1}{1 - p^{1-s}}$$

と計算されますので，ハッセゼータ関数は

$$\zeta_{X/\mathbb{Z}}(s) = \prod_{p:\text{素数}} \frac{1}{1 - p^{1-s}}$$
$$= \zeta(s-1)$$

となります．

11.2 絶対ゼータ関数

$X = GL(2)$ を例に取って絶対ゼータ関数を見なおしましょう．"オイラー積表示"を次節で考えることにして，その前に絶対ゼータ関数の計算を思い出しておきます．

合同ゼータ関数 $\zeta_{X/\mathbb{F}_p}(s)$ は

$$\zeta_{GL(2)/\mathbb{F}_p}(s) = \exp\Big(\sum_{m=1}^{\infty} \frac{|GL(2,\mathbb{F}_{p^m})|}{mp^{ms}}\Big)$$

$$= \exp\Big(\sum_{m=1}^{\infty} \frac{(p^{2m}-1)(p^{2m}-p^m)}{mp^{ms}}\Big)$$

$$= \exp\Big(\sum_{m=1}^{\infty} \frac{p^{4m}-p^{3m}-p^{2m}+p^m}{mp^{ms}}\Big)$$

$$= \frac{(1-p^{3-s})(1-p^{2-s})}{(1-p^{4-s})(1-p^{1-s})}$$

です．なお，ハッセゼータ関数 $\zeta_{X/\mathbb{Z}}(s)$ は

$$\zeta_{GL(2)/\mathbb{Z}}(s) = \prod_{p:\text{素数}} \zeta_{GL(2)/\mathbb{F}_p}(s)$$

$$= \prod_{p:\text{素数}} \frac{(1-p^{3-s})(1-p^{2-s})}{(1-p^{4-s})(1-p^{1-s})}$$

$$= \frac{\zeta(s-4)\zeta(s-1)}{\zeta(s-3)\zeta(s-2)}$$

となります．

さて，絶対ゼータ関数 $\zeta_{X/\mathbb{F}_1}(s)$ は

$$\zeta_{GL(2)/\mathbb{F}_1}(s) = \lim_{p \to 1} \zeta_{GL(2)/\mathbb{F}_p}(s)$$

$$= \lim_{p \to 1} \frac{(1-p^{3-s})(1-p^{2-s})}{(1-p^{4-s})(1-p^{1-s})}$$

$$= \frac{(s-3)(s-2)}{(s-4)(s-1)}$$

と得られる，というわけです．これは，絶対ゼータ関数のやさしい例です．

11.3 絶対オイラー積に向けて

これまでの話から，絶対ゼータ関数に対するオイラー積——つまり「絶対オイラー積」——を考えてみましょう．考えの材料としては，

CHAPTER 11. 絶対オイラー積

引き続き $X = GL(2)$ を取っておくことにします．

まず，最も素朴にハッセゼータ関数のオイラー積

$$\zeta_{GL(2)/\mathbb{Z}}(s) = \prod_{p:\text{素数}} \zeta_{GL(2)/\mathbb{F}_p}(s)$$

を見ますと，そのオイラー p-因子

$$\zeta_{GL(2)/\mathbb{F}_p}(s) = \frac{(1-p^{3-s})(1-p^{2-s})}{(1-p^{4-s})(1-p^{1-s})}$$

をもってきて，$p \to 1$ としていますので，オイラー積にあたるものは消え去ってしまっているように見えます．さらに，もう少し精密に考えますと

$$\zeta_{GL(2)/\mathbb{F}_p}(s) = \prod_{x \in |GL(2) \otimes \mathbb{F}_p|} (1 - N(x)^{-s})^{-1}$$

$$= \prod_{n=1}^{\infty} (1 - p^{-ns})^{-\kappa_{GL(2)/\mathbb{F}_p}(n)},$$

$$\kappa_{GL(2)/\mathbb{F}_p}(n) = |\{x \in |GL(2) \otimes \mathbb{F}_p| \,|\, N(x) = p^n\}|$$

$$= \frac{1}{n} \sum_{m|n} \mu\left(\frac{n}{m}\right)(p^{4m} - p^{3m} - p^{2m} + p^m)$$

となっています．このオイラー積も，$p \to 1$ とすることにより破壊されるでしょう．ちなみに

$$\lim_{p \to 1} \kappa_{GL(2)/\mathbb{F}_p}(n) = 0$$

です．

どうしたらよいでしょうか？　と言っても，こんなことで転んでめげていては進みません．一つ問題をやって元気になってください．

問題 11.1

$\mathrm{Re}(s) > 4$ あるいは $|s| > 4$ において絶対オイラー積

$$\zeta_{GL(2)/\mathbb{F}_1}(s) = \prod_{n=1}^{\infty} \left(1 - \left(\frac{1}{s}\right)^n\right)^{-\kappa_{GL(2)/\mathbb{F}_1}(n)}$$

を示せ．ここで，

$$\kappa_{GL(2)/\mathbb{F}_1}(n) = \frac{1}{n} \sum_{m|n} \mu\left(\frac{n}{m}\right)(4^m - 3^m - 2^m + 1^m)$$

は 0 以上の整数．

[解答]

$\kappa_{GL(2)/\mathbb{F}_1}(n)$ を上の式で決めたときに 0 以上の整数となることは難しくなくわかる．また，
$$\kappa_{GL(2)/\mathbb{F}_1}(n) = 0 \iff n = 1$$
が成立する．

以下，絶対オイラー積が成り立つことを示す．まず，整数 $\alpha \in \mathbb{Z} - \{0\}$ に対して
$$\frac{1}{1 - \alpha u} = \prod_{n=1}^{\infty} (1 - u^n)^{-\kappa_\alpha(n)},$$
$$\kappa_\alpha(n) = \frac{1}{n} \sum_{m|n} \mu\left(\frac{n}{m}\right) \alpha^m \in \mathbb{Z}$$
が $|u| < \dfrac{1}{|\alpha|}$ において成立することに注意する（第 2 章参照）．したがって，$|u| < \dfrac{1}{4}$ において
$$\prod_{n=1}^{\infty} (1 - u^n)^{-\kappa_{GL(2)/\mathbb{F}_1}(n)} = \frac{(1 - 3u)(1 - 2u)}{(1 - 4u)(1 - u)}$$
となる．とくに，$u = \dfrac{1}{s}$ とおきなおすと，$|s| > 4$（あるいは $\mathrm{Re}(s) > 4$）において
$$\zeta_{GL(2)/\mathbb{F}_1}(s) = \prod_{n=1}^{\infty} \left(1 - \left(\frac{1}{s}\right)^n\right)^{-\kappa_{GL(2)/\mathbb{F}_1}(n)}$$
が成り立つことがわかる． [解答終]

11.4 絶対オイラー積の定式化

問題 11.1 を見れば，一般化は一目瞭然です．多項式
$$N(u) = \sum_\alpha m(\alpha) u^\alpha \in \mathbb{Z}[u]$$
に対して

$$N_k(u) = \left(u\frac{d}{du}\right)^k N(u)$$
$$= \sum_\alpha m(\alpha)\alpha^k u^\alpha$$

とおくことにします．

定理 11.1

$N(u) \in \mathbb{Z}[u]$ に対して，絶対オイラー積表示
$$\zeta_N(s) = \left(\frac{1}{s}\right)^{\chi(N)} \prod_{n=1}^\infty \left(1-\left(\frac{1}{s}\right)^n\right)^{-\kappa_N(n)}$$
が成立する．ここで，
$$\chi(N) = N(1),$$
$$\kappa_N(n) = \frac{1}{n}\sum_{m|n} \mu\left(\frac{n}{m}\right)N_m(1)$$
はどちらも整数である．

［証明］
$$N(u) = \sum_\alpha m(\alpha) u^\alpha$$

と書くと
$$N_k(1) = \sum_\alpha m(\alpha)\alpha^k$$

であり
$$\zeta_N(s) = \prod_\alpha (s-\alpha)^{-m(\alpha)}$$

となる．したがって
$$\zeta_N(s) = \prod_\alpha \left(s\left(1-\frac{\alpha}{s}\right)\right)^{-m(\alpha)}$$
$$= \left(\frac{1}{s}\right)^{\sum_\alpha m(\alpha)} \prod_\alpha \left(1-\frac{\alpha}{s}\right)^{-m(\alpha)}$$
$$= \left(\frac{1}{s}\right)^{N(1)} \prod_\alpha \left(1-\frac{\alpha}{s}\right)^{-m(\alpha)}$$
$$= \left(\frac{1}{s}\right)^{\chi(N)} \prod_\alpha \left(1-\frac{\alpha}{s}\right)^{-m(\alpha)}.$$

ここで，整数 α に対して

$$1 - \frac{\alpha}{s} = \prod_{n=1}^{\infty} \left(1 - \left(\frac{1}{s}\right)^n\right)^{\kappa_\alpha(n)},$$

$$\kappa_\alpha(n) = \frac{1}{n}\sum_{m|n} \mu\left(\frac{n}{m}\right)\alpha^m \in \mathbb{Z}$$

を用いることにより，

$$\zeta_N(s) = \left(\frac{1}{s}\right)^{\chi(N)} \prod_{n=1}^{\infty} \left(1 - \left(\frac{1}{s}\right)^n\right)^{-\kappa_N(n)},$$

$$\kappa_N(n) = \sum_\alpha m(\alpha)\kappa_\alpha(n)$$

$$= \frac{1}{n}\sum_{m|n} \mu\left(\frac{n}{m}\right)\left(\sum_\alpha m(\alpha)\alpha^m\right)$$

$$= \frac{1}{n}\sum_{m|n} \mu\left(\frac{n}{m}\right)N_m(1)$$

となる． ［証明終］

▶ 11.5 花束のゼータ関数

花束（ブーケ）B_r とは r 個の花のたばねた形でグラフ（有向）と考えます「(多重) ループ」です：

B_1　B_2　B_3　……

絶対オイラー積は花束のゼータ関数のオイラー積によって解釈されます．

CHAPTER 11. 絶対オイラー積

> **定理 11.2**
> $$N(u) = \sum_\alpha m(\alpha) u^\alpha \in \mathbb{Z}[u]$$
> に対して，絶対オイラー積
> $$\zeta_N(s) = \left(\frac{1}{s}\right)^{\chi(N)} \prod_{n=1}^{\infty}\left(1-\left(\frac{1}{s}\right)^n\right)^{-\kappa_N(n)}$$
> は，花束のゼータ関数のオイラー積表示を
> $$\zeta_N(s) = \left(\frac{1}{s}\right)^{\chi(N)} \prod_\alpha Z_{B_\alpha}\left(\frac{1}{s}\right)^{m(\alpha)}$$
> に用いて導かれる．

［証明］花束 B_r のゼータ関数（グラフのゼータ関数）は，
$$\kappa_{B_r}(n) = |\{P \in \text{Prim}(B_r) \mid \ell(P) = n\}|$$
とおくと，オイラー積によって
$$Z_{B_r}(u) = \prod_{P \in \text{Prim}(B_r)} (1 - u^{\ell(P)})^{-1}$$
$$= \prod_{n=1}^{\infty}(1-u^n)^{-\kappa_{B_r}(n)}$$
となる．ここで，長さ n の（素とは限らない）サイクルの総数が
$$r^n = \sum_{m \mid n} m \kappa_{B_r}(m)$$
となることがわかるので
$$\kappa_{B_r}(n) = \frac{1}{n}\sum_{m \mid n}\mu\left(\frac{n}{m}\right)r^m$$
となる．したがって
$$Z_{B_r}(u) = \frac{1}{1-ru}$$
となる．よって，
$$\prod_\alpha Z_{B_\alpha}\left(\frac{1}{s}\right)^{m(\alpha)} = \prod_\alpha\left(1-\frac{\alpha}{s}\right)^{-m(\alpha)}$$
$$= \left(\frac{1}{s}\right)^{-\chi(N)}\zeta_N(s).$$
したがって，

$$\zeta_N(s) = \left(\frac{1}{s}\right)^{\chi(N)} \prod_\alpha Z_{B_\alpha}\left(\frac{1}{s}\right)^{m(\alpha)}$$

において花束のゼータ関数のオイラー積表示が $\zeta_N(s)$ の絶対オイラー積を導く. [証明終]

このように見てきますと，絶対オイラー積は捨てたものでもないでしょう．花束も，ゼータからのプレゼントなのでしょう．

CHAPTER 12
絶対保型形式

　本書では，絶対数学の基本的問題を見てきました．最終章となる本章では，絶対保型形式というキーワードを軸に諸問題を見ましょう．保型形式からゼータ関数を作ることはリーマンが最初に捉え(テータ関数のフーリエ変換・メリン変換)，ラマヌジャンが明確にオイラー積とともに研究しました．絶対ゼータ関数における対応物を確認しましょう．それが，絶対ラングランズ対応です．

▶ 12.1 保型形式とゼータ関数

　保型形式とゼータ関数の関係として最もわかりやすいのは 1916 年にラマヌジャンが発見した例です．それは，保型形式 $\Delta(z)$ を

$$\Delta(z) = e^{2\pi i z}\prod_{n=1}^{\infty}(1-e^{2\pi i n z})^{24}$$
$$= \sum_{n=1}^{\infty}\tau(n)e^{2\pi i n z}$$

と展開しておいて，ゼータ関数を

$$L(s,\Delta) = \sum_{n=1}^{\infty}\tau(n)n^{-s}$$

とおくものです．ここで，z は上半平面

$$H = \{z \in \mathbb{C} \,|\, \mathrm{Im}(z) > 0\}$$

の変数であり，$\tau(n)$ はラマヌジャンの τ-関数と呼ばれます．

ラマヌジャンは，オイラー積表示

$$L(s, \Delta) = \prod_{p:素数} (1 - \tau(p)p^{-s} + p^{11-2s})^{-1}$$

を予想しました．さらに，有名なラマヌジャン予想

$$|\tau(p)| \leq 2p^{\frac{11}{2}}$$

を提出しました．これらの予想（1916年提出）が20世紀の長い期間にわたる膨大な研究をうながし，ついに解決されたことは，よく知られている通りです．それは，ガロア表現と保型形式（保型表現）とのラングランズ対応（ラングランズ予想）に至ります．詳しくは

　　　黒川信重『ラマヌジャン ζ の衝撃』現代数学社，2015年8月刊

を見てください．

ここで重要なことは，$\Delta(z)$ がモジュラー群

$$\Gamma = SL(2, \mathbb{Z}) = \left\{ \gamma = \begin{pmatrix} a & b \\ c & d \end{pmatrix} \,\middle|\, \begin{array}{l} a, b, c, d \in \mathbb{Z} \\ ad - bc = 1 \end{array} \right\}$$

に関する重さ12の保型形式になっていることです：

$$\Delta\left(\frac{az+b}{cz+d}\right) = (cz+d)^{12} \Delta(z).$$

この保型性がメリン変換（積分変換）によってゼータ関数の関数等式へと移ります：

$$保型性 \xrightarrow{メリン変換} ゼータ関数の関数等式.$$

これは重要な点ですので，簡単に復習しておきましょう．それには，積分表示

$$L(s, \Delta) = \frac{1}{(2\pi)^{-s} \Gamma(s)} \int_0^\infty \Delta(it) t^{s-1} dt$$

が基本になります．成立することを確かめるには

$$\int_0^\infty \Delta(it)t^{s-1}dt = \int_0^\infty \left(\sum_{n=1}^\infty \tau(n)e^{-2\pi nt}\right)t^{s-1}dt$$

$$= \sum_{n=1}^\infty \tau(n)\int_0^\infty e^{-2\pi nt}t^{s-1}dt$$

$$= \sum_{n=1}^\infty \tau(n)(2\pi n)^{-s}\Gamma(s)$$

$$= (2\pi)^{-s}\Gamma(s)L(s,\Delta)$$

とします.ただし,$a>0$ に対して

$$\int_0^\infty e^{-at}t^{s-1}dt = a^{-s}\Gamma(s)$$

となることを用いています.これは,積分において $u=at$ とおきかえて

$$\int_0^\infty e^{-at}t^{s-1}dt = \int_0^\infty e^{-u}\left(\frac{u}{a}\right)^{s-1}\frac{du}{a}$$

$$= a^{-s}\int_0^\infty e^{-u}u^{s-1}du$$

$$= a^{-s}\Gamma(s)$$

とすれば良いのです.

このようにして,

$$\hat{L}(s,\Delta) = (2\pi)^{-s}\Gamma(s)L(s,\Delta)$$

としたときに

$$\hat{L}(s,\Delta) = \int_0^\infty \Delta(it)t^s\frac{dt}{t}$$

$$= \int_1^\infty \Delta(it)t^s\frac{dt}{t} + \int_0^1 \Delta(it)t^s\frac{dt}{t}$$

となることがわかります.さらに,右端の積分において $u=\dfrac{1}{t}$ とおきかえることにより

$$\int_0^1 \Delta(it)t^s\frac{dt}{t} = \int_1^\infty \Delta\left(i\frac{1}{u}\right)\left(\frac{1}{u}\right)^s\frac{du}{u}$$

$$= \int_1^\infty u^{12}\Delta(iu)u^{-s}\frac{du}{u}$$

となります．ただし，最後の変形では保型性を
$$\begin{pmatrix} a & b \\ c & d \end{pmatrix} = \begin{pmatrix} 0 & -1 \\ 1 & 0 \end{pmatrix}$$
として用いた
$$\Delta\left(-\frac{1}{z}\right) = z^{12}\Delta(z)$$
において，$z = iu$ と置いて得られる等式
$$\Delta\left(i\frac{1}{u}\right) = u^{12}\Delta(iu)$$
を使いました．

この変形を合わせると
$$\hat{L}(s, \Delta) = \int_1^\infty \Delta(it)(t^s + t^{12-s})\frac{dt}{t}$$
という，すべての複素数 s に対して正則な関数——しかも s と $12-s$ に関して対称——が得られます．これが $L(s, \Delta)$ および $\hat{L}(s, \Delta)$ に対する解析接続と関数等式
$$\hat{L}(s, \Delta) = \hat{L}(12-s, \Delta)$$
の証明です．『保型性⇒関数等式』を納得されたことと思います．今は重さ 12 の場合でしたが，重さ k では $s \longleftrightarrow k-s$ という関数等式を得ます．

実は，この『保型性⇒関数等式』という流れは，1859 年にリーマンがリーマンゼータ関数の関数等式
$$\hat{\zeta}(s) = \hat{\zeta}(1-s),$$
$$\hat{\zeta}(s) = \pi^{-\frac{s}{2}} \Gamma\left(\frac{s}{2}\right) \zeta(s)$$
$$= \pi^{-\frac{s}{2}} \Gamma\left(\frac{s}{2}\right) \prod_{p:\text{素数}} (1-p^{-s})^{-1}$$
を証明するときに用いたもの（リーマンの第 2 積分表示）でしたが，リーマンの場合は $k = \frac{1}{2}$ なので多少複雑になって見えにくくなっています：

$$\vartheta(z) = \sum_{m=-\infty}^{\infty} e^{\pi i m^2 z}$$

$$= 1 + 2\sum_{n=1}^{\infty} e^{\pi i n^2 z}$$

というテータ関数は重さ $\frac{1}{2}$ の保型形式なので

$$\vartheta\left(i\frac{1}{u}\right) = u^{\frac{1}{2}} \vartheta(iu)$$

となるため

$$\hat{\zeta}(2s) = \int_0^\infty \frac{\vartheta(it)-1}{2} t^s \frac{dt}{t}$$

$$= \int_1^\infty \frac{\vartheta(it)-1}{2} t^s \frac{dt}{t} + \int_0^1 \frac{\vartheta(it)-1}{2} t^s \frac{dt}{t}$$

の第2項において $t = \frac{1}{u}$ とおきかえると

$$\int_0^1 \frac{\vartheta(it)-1}{2} t^s \frac{dt}{t} = \int_1^\infty \frac{\vartheta(i\frac{1}{u})-1}{2} \left(\frac{1}{u}\right)^s \frac{du}{u}$$

$$= \int_1^\infty \frac{u^{\frac{1}{2}}\vartheta(iu)-1}{2} u^{-s} \frac{du}{u}$$

$$= \int_1^\infty \frac{\vartheta(iu)-1}{2} u^{\frac{1}{2}-s} \frac{du}{u} + \frac{1}{2}\int_1^\infty (u^{\frac{1}{2}-s} - u^{-s}) \frac{du}{u}$$

$$= \int_1^\infty \frac{\vartheta(iu)-1}{2} u^{\frac{1}{2}-s} \frac{du}{u} + \frac{1}{(2s-1)2s}$$

より得られる表示

$$\hat{\zeta}(2s) = \int_1^\infty \frac{\vartheta(it)-1}{2} (t^s + t^{\frac{1}{2}-s}) \frac{dt}{t} + \frac{1}{(2s-1)2s}$$

から関数等式

$$\hat{\zeta}(2s) = \hat{\zeta}\left(2\left(\frac{1}{2}-s\right)\right) = \hat{\zeta}(1-2s)$$

を得ます．重さ $\frac{1}{2}$ の保型形式 $\vartheta(z)$ からは $\zeta(2s)$ に対する関数等式 $s \leftrightarrow \frac{1}{2}-s$ が自然に出てくるわけです．

なお，通常は s を $\frac{s}{2}$ でおきかえた $\hat{\zeta}(s)$ に対する表示

$$\hat{\zeta}(s) = \int_1^\infty \frac{\vartheta(it)-1}{2}(t^{\frac{s}{2}} + t^{\frac{1-s}{2}})\frac{dt}{t} + \frac{1}{(s-1)s}$$

にしていますので，関数等式は

$$\hat{\zeta}(s) = \hat{\zeta}(1-s)$$

となり，$\vartheta(z)$ が重さ $\frac{1}{2}$ の保型形式であるという意味がわかりにくくなっています．また，リーマンは $\frac{\vartheta(it)-1}{2} = \sum_{n=1}^\infty e^{-\pi n^2 t}$ を $\psi(t)$ と書いています：ϑ という記号は使っていません．さらに，メリン変換という積分変換

$$M(s,f) = \int_0^\infty f(t)t^{s-1}dt$$

が使われているわけですが，この名前はリーマンより 40 年後の 1900 年頃のメリンの研究にちなんで呼ばれはじめられたため，もちろん，リーマンは「メリン変換」とは言っていません．むしろ，「メリン変換」は「リーマン変換」と呼ばれるべきでしょう．

▶ 12.2 絶対保型形式と絶対ゼータ関数

前節の話を頭に入れて，絶対数学原論をもう一度読みなおしてくだされば，重さ D $(D \in \mathbb{Z})$ の絶対保型形式とは関数

$$N : \mathbb{R}_{>0} - \{1\} \longrightarrow \mathbb{C}$$

で保型性

$$N\left(\frac{1}{u}\right) = C \cdot u^{-D} N(u)$$

をもつものとすればよいことに気付くでしょう：$C = \pm 1$ としてお

きます．

実際，第 10 章，10.2 節の方式により
$$Z_N(w,s) = \frac{1}{\Gamma(w)} \int_1^\infty N(u) u^{-s-1} (\log u)^{w-1} du,$$
$$\zeta_N(s) = \exp\left(\frac{\partial}{\partial w} Z_N(w,s)\Big|_{w=0}\right)$$
として，絶対ゼータ関数 $\zeta_N(s)$ が絶対保型形式 $N(u)$ から積分変換（メリン変換）を用いて構成され，（$N(u)$ に対する適度な可積分性の下で）関数等式
$$\zeta_N(D-s)^C = \zeta_N(s)\varepsilon_N(s)$$
が得られるのでした．

ちなみに，メリン変換の記号を使うと
$$Z_N(w,s) = \frac{1}{\Gamma(w)} \int_0^\infty N(e^t) e^{-st} t^{w-1} dt$$
$$= \frac{1}{\Gamma(w)} M(w,f),$$
$$f(t) = N(e^t) e^{-st}$$
となっています．

たとえば，代数群 $GL(n)$ の絶対ゼータ関数は
$$\zeta_{GL(n)/\mathbb{F}_1}(s) = \zeta_N(s),$$
$$N(u) = u^{\frac{n(n-1)}{2}}(u-1)(u^2-1)\cdots(u^n-1)$$
ですが，この絶対保型形式 $N(u)$ は変換公式（保型性）
$$N\left(\frac{1}{u}\right) = (-1)^n u^{-\frac{n(3n-1)}{2}} N(u)$$
をみたしていて，絶対ゼータ関数の関数等式
$$\zeta_{GL(n)/\mathbb{F}_1}\left(\frac{n(3n-1)}{2} - s\right)^{(-1)^n} = \zeta_{GL(n)/\mathbb{F}_1}(s)$$
を導く，というしくみになっています．

このように，絶対ゼータ関数の関数等式を説明するのに絶対保型形式はとても良いものです．

12.3 絶対保型形式に対する6種の操作

絶対保型形式に対して6個の重要な操作をまとめておきます．

（1）絶対テンソル積

$N_1(u), N_2(u)$ に対して
$$(N_1 \otimes N_2)(u) = N_1(u) N_2(u)$$
のことです．

$$\begin{cases} N_1\left(\dfrac{1}{u}\right) = C_1 u^{-D_1} N_1(u) \\ N_2\left(\dfrac{1}{u}\right) = C_2 u^{-D_2} N_2(u) \end{cases}$$

の場合には

$$(N_1 \otimes N_2)\left(\dfrac{1}{u}\right) = C \cdot u^{-D} \cdot (N_1 \otimes N_2)(u),$$
$$C = C_1 C_2,$$
$$D = D_1 + D_2$$

となっています．さらに，対応する絶対ゼータ関数は

$$\zeta_{N_1 \otimes N_2}(s) = \zeta_{N_1}(s) \overset{\text{Kur}}{\otimes} \zeta_{N_2}(s)$$

という黒川テンソル積です．

（2）直和

$N_1(u), N_2(u)$ に対して
$$(N_1 \oplus N_2)(u) = N_1(u) + N_2(u)$$
のことです．ただし，N_1, N_2 は同じ型，つまり

$$\begin{cases} N_1\left(\dfrac{1}{u}\right) = C u^{-D} N_1(u) \\ N_2\left(\dfrac{1}{u}\right) = C u^{-D} N_2(u) \end{cases}$$

とします．このとき

$$(N_1 \oplus N_2)\left(\frac{1}{u}\right) = C \cdot u^{-D} \cdot (N_1 \oplus N_2)(u)$$

となります．対応する絶対ゼータ関数は

$$\zeta_{N_1 \oplus N_2}(s) = \zeta_{N_1}(s)\zeta_{N_2}(s)$$

です．

（3）**逆元**

　　$N(u)$ に対して絶対テンソル積に関する逆元

$$\frac{1}{N}(u) = \frac{1}{N(u)}$$

のことです．$N(u)$ が

$$N\left(\frac{1}{u}\right) = Cu^{-D}N(u)$$

をみたすとき

$$\frac{1}{N}\left(\frac{1}{u}\right) = C \cdot u^D \cdot \frac{1}{N}(u)$$

となります．絶対ゼータ関数は

$$\zeta_{\frac{1}{N}}(s) \overset{\text{Kur}}{\otimes} \zeta_N(s) = \zeta_{\mathbb{F}_1}(s) = \frac{1}{s}$$

をみたします．つまり，$\zeta_{\frac{1}{N}}(s)$ は $\zeta_N(s)$ の黒川テンソル積に関する逆元です．

（4）**双対**

　　$N(u)$ に対して

$$N^*(u) = N\left(\frac{1}{u}\right)$$

のことです．

$$N\left(\frac{1}{u}\right) = Cu^{-D}N(u)$$

なら

$$N^*\left(\frac{1}{u}\right) = Cu^D N^*(u)$$

です．絶対ゼータ関数 $\zeta_{N^*}(s)$ はイプシロン関数 $\varepsilon_N(s)$ を
$$\varepsilon_N(s) = \frac{\zeta_{N^*}(-s)}{\zeta_N(s)}$$
と導きます．

（5）**アダムス操作**

整数 $m \geq 1$ に対して
$$(\psi^m N)(u) = N(u^m)$$
のことです．
$$N\left(\frac{1}{u}\right) = Cu^{-D} N(u)$$
なら
$$(\psi^m N)\left(\frac{1}{u}\right) = Cu^{-mD}(\psi^m N)(u)$$
です．

これは，トポロジー・K 理論におけるアダムス操作にちなむものです．対応するゼータ関数は
$$\zeta_{\psi^m N}(s) = \zeta_N\left(\frac{s}{m}\right) m^{-Z_N\left(0, \frac{s}{m}\right)}$$
です．

（6）**共役**

$$\overline{N}(u) = \overline{N(u)}$$
のことです．
$$N\left(\frac{1}{u}\right) = Cu^{-D} N(u)$$
なら
$$\overline{N}\left(\frac{1}{u}\right) = Cu^{-D} \overline{N}(u)$$
です．対応する絶対ゼータ関数は
$$\zeta_{\overline{N}}(s) = \overline{\zeta_N(\overline{s})}$$

です．

> **問題 12.1**
> $$\zeta_{\psi^m N}(s) = \zeta_N\left(\frac{s}{m}\right) m^{-Z_N\left(0, \frac{s}{m}\right)}$$
> を証明せよ．

［解答］
$$Z_{\psi^m N}(w, s) = \frac{1}{\Gamma(w)} \int_1^\infty (\psi^m N)(u) u^{-s} (\log u)^{w-1} \frac{du}{u}$$
$$= \frac{1}{\Gamma(w)} \int_1^\infty N(u^m) u^{-s} (\log u)^{w-1} \frac{du}{u}$$

なので，$v = u^m$ とおくと

$$Z_{\psi^m N}(w, s) = \frac{1}{\Gamma(w)} \int_1^\infty N(v) v^{-\frac{s}{m}} \left(\frac{1}{m} \log v\right)^{w-1} \frac{dv}{mv}$$
$$= m^{-w} \frac{1}{\Gamma(w)} \int_1^\infty N(v) v^{-\frac{s}{m}} (\log v)^{w-1} \frac{dv}{v}$$
$$= m^{-w} Z_N\left(w, \frac{s}{m}\right)$$

となる．よって，

$$\zeta_{\psi^m N}(s) = \exp\left(\left.\frac{\partial}{\partial w} Z_{\psi^m N}(w, s)\right|_{w=0}\right)$$
$$= \exp\left(\left.\frac{\partial}{\partial w} Z_N\left(w, \frac{s}{m}\right)\right|_{w=0} - (\log m) Z_N\left(0, \frac{s}{m}\right)\right)$$
$$= \zeta_N\left(\frac{s}{m}\right) m^{-Z_N\left(0, \frac{s}{m}\right)}.$$

［解答終］

> **問題 12.2**
> $$\zeta_{\overline{N}}(s) = \overline{\zeta_N(\overline{s})}$$
> を証明せよ．

［解答］以下 $w \in \mathbb{R}$ とする．

$$Z_{\overline{N}}(w,\overline{s}) = \frac{1}{\Gamma(w)} \int_1^\infty \overline{N}(u) u^{-\overline{s}} (\log u)^{w-1} \frac{du}{u}$$
$$= \overline{Z_N(w,s)}$$

であるから,
$$\zeta_{\overline{N}}(\overline{s}) = \exp\left(\frac{\partial}{\partial w} \overline{Z_N(w,s)}\Big|_{w=0}\right)$$
$$= \overline{\zeta_N(s)}$$

となる.よって
$$\zeta_{\overline{N}}(s) = \overline{\zeta_N(\overline{s})}.$$
[解答終]

問題 12.3

$N(u) = u-1$ に対して,次を求めよ.

(1) $\zeta_N(s)$.

(2) $\zeta_{\frac{1}{N}}(s)$.

(3) $\zeta_N(s) \overset{\text{Kur}}{\otimes} \zeta_{\frac{1}{N}}(s)$.

[解答]

(1) $$Z_N(w,s) = \frac{1}{\Gamma(w)} \int_1^\infty (u-1) u^{-s} (\log u)^{w-1} \frac{du}{u}$$
$$= (s-1)^{-w} - s^{-w}$$

なので
$$\zeta_N(s) = \exp\left(\frac{\partial}{\partial w} Z_N(w,s)\Big|_{w=0}\right)$$
$$= \frac{s}{s-1}.$$

(2) $$Z_{\frac{1}{N}}(w,s) = \frac{1}{\Gamma(w)} \int_1^\infty \frac{1}{u-1} u^{-s} (\log u)^{w-1} \frac{du}{u}$$
$$= \frac{1}{\Gamma(w)} \int_1^\infty \frac{u^{-(s+1)}}{1-u^{-1}} (\log u)^{w-1} \frac{du}{u}$$
$$= \zeta(w, s+1)$$

なので,レルヒの公式より

$$\zeta_{\frac{1}{N}}(s) = \exp\left(\frac{\partial}{\partial w}\zeta(w,s+1)\Big|_{w=0}\right)$$
$$= \frac{\Gamma(s+1)}{\sqrt{2\pi}}.$$

(3) $\quad \zeta_N(s) \overset{\text{Kur}}{\otimes} \zeta_{\frac{1}{N}}(s) = \dfrac{s}{s-1} \overset{\text{Kur}}{\otimes} \zeta_{\frac{1}{N}}(s)$
$$= \frac{\zeta_{\frac{1}{N}}(s-1)}{\zeta_{\frac{1}{N}}(s)}$$
$$= \frac{\Gamma(s)}{\Gamma(s+1)}$$
$$= \frac{1}{s}$$
$$= \zeta_{\mathbb{F}_1}(s).$$

[解答終]

12.4 表現の絶対ゼータ関数

乗法群 $\mathbb{R}_{>0}$ の仮想表現(virtual representation)
$$\rho = (\rho_+,\ \rho_-)\colon \mathbb{R}_{>0} \longrightarrow GL(d_\pm, \mathbb{C})$$
の絶対ゼータ関数を考えます.仮想表現とは,2 つの連続表現
$$\rho_+\colon \mathbb{R}_{>0} \longrightarrow GL(d_+, \mathbb{C}),$$
$$\rho_-\colon \mathbb{R}_{>0} \longrightarrow GL(d_-, \mathbb{C})$$
の組ですが,その絶対ゼータ関数は
$$\zeta_\rho(s) = \operatorname{sdet}(s-D_\rho)^{-1}$$
$$= \frac{\det(s-D_{\rho_-})}{\det(s-D_{\rho_+})}$$
と決めます.ここで,
$$D_{\rho_\pm} = \lim_{u\to 1} \frac{\rho_\pm(u) - \rho_\pm(1)}{u-1}$$
で,sdet は超行列式(super determinant)の意味です.

なお,
$$\rho : \mathbb{R}_{>0} \longrightarrow GL(d, \mathbb{C})$$
が通常の表現のときは,
$$D_\rho = \lim_{u \to 1} \frac{\rho(u) - \rho(1)}{u - 1}$$
によって
$$\zeta_\rho(s) = \det(s - D_\rho)^{-1}$$
と決めます．とくに，仮想表現 $\rho = (\rho_+, \rho_-)$ に対しては
$$\zeta_\rho(s) = \frac{\zeta_{\rho_+}(s)}{\zeta_{\rho_-}(s)}$$
となります．

問題 12.4

$\alpha \in \mathbb{C}$ に対して
$$\chi_\alpha : \mathbb{R}_{>0} \longrightarrow GL(1, \mathbb{C}) = \mathbb{C}^\times$$
を
$$\chi_\alpha(u) = u^\alpha$$
とおく．

(1) $\alpha \in \mathbb{C}$ に対して
$$\zeta_{\chi_\alpha}(s) = \frac{1}{s - \alpha}$$
を示せ．

(2) $\alpha_1, \cdots, \alpha_{d_+}, \beta_1, \cdots, \beta_{d_-} \in \mathbb{C}$ に対して
$$\rho = (\rho_+, \rho_-),$$
$$\rho_+ = \bigoplus_{j=1}^{d_+} \chi_{\alpha_j},$$
$$\rho_- = \bigoplus_{k=1}^{d_-} \chi_{\beta_k}$$
とおくとき,
$$\zeta_\rho(s) = \frac{(s - \beta_1) \cdots (s - \beta_{d_-})}{(s - \alpha_1) \cdots (s - \alpha_{d_+})}$$
を示せ．

[**解答**]

(1)
$$D_{\chi_\alpha} = \lim_{u \to 1} \frac{\chi_\alpha(u) - \chi_\alpha(1)}{u-1}$$
$$= \lim_{u \to 1} \frac{u^\alpha - 1}{u-1}$$
$$= \alpha$$

だから
$$\zeta_{\chi_\alpha}(s) = \frac{1}{s-\alpha}.$$

(2)
$$D_{\rho_+} = \lim_{u \to 1} \frac{1}{u-1} \begin{pmatrix} \chi_{\alpha_1}(u) - \chi_{\alpha_1}(1) & & 0 \\ & \ddots & \\ 0 & & \chi_{\alpha_{d_+}}(u) - \chi_{\alpha_{d_+}}(1) \end{pmatrix}$$
$$= \begin{pmatrix} \alpha_1 & & 0 \\ & \ddots & \\ 0 & & \alpha_{d_+} \end{pmatrix}$$

$$D_{\rho_-} = \lim_{u \to 1} \frac{1}{u-1} \begin{pmatrix} \chi_{\beta_1}(u) - \chi_{\beta_1}(1) & & 0 \\ & \ddots & \\ 0 & & \chi_{\beta_{d_-}}(u) - \chi_{\beta_{d_-}}(1) \end{pmatrix}$$
$$= \begin{pmatrix} \beta_1 & & 0 \\ & \ddots & \\ 0 & & \beta_{d_-} \end{pmatrix}$$

なので
$$\zeta_\rho(s) = \frac{\det(s - D_{\rho_-})}{\det(s - D_{\rho_+})}$$
$$= \frac{(s-\beta_1)\cdots(s-\beta_{d_-})}{(s-\alpha_1)\cdots(s-\alpha_{d_+})}$$

となって，求める等式が得られた． [**解答終**]

12.5 絶対ラングランズ対応

絶対ラングランズ対応とは次を言います．

> **定理 12.1** （絶対ラングランズ対応）
> (1) $\qquad \{\rho\,|\,\mathbb{R}_{>0}\text{ の仮想表現}\} \longrightarrow \{N\,|\,\mathbb{R}_{>0}\to\mathbb{C}\}$
> $$\rho=(\rho_+,\rho_-) \longrightarrow N=\mathrm{str}(\rho)=\mathrm{tr}(\rho_+)-\mathrm{tr}(\rho_-)$$
> において
> $$\zeta_\rho(s)=\zeta_N(s)$$
> が成立する．
>
> (2) 仮想表現 ρ がユニタリ表現であり，$\mathrm{str}(\rho)$ が実数値のとき，N は重さ 0 の絶対保型形式となる．

［証明］

(1) $\rho=(\rho_+,\rho_-)$ を問題 12.4 のようにとると
$$N(u)=\mathrm{str}(\rho(u))$$
$$=\mathrm{tr}(\rho_+(u))-\mathrm{tr}(\rho_-(u))$$
$$=\sum_{j=1}^{d_+}u^{\alpha_j}-\sum_{k=1}^{d_-}u^{\beta_k}$$

だから
$$Z_N(w,s)=\sum_{j=1}^{d_+}(s-\alpha_j)^{-w}-\sum_{k=1}^{d_-}(s-\beta_k)^{-w}$$

より
$$\zeta_N(s)=\frac{\prod_{k=1}^{d_-}(s-\beta_k)}{\prod_{j=1}^{d_+}(s-\alpha_j)}$$

となる．

一方，問題 12.4 より
$$\zeta_\rho(s) = \mathrm{sdet}(s-D_\rho)^{-1}$$
$$= \frac{\det(s-D_{\rho_-})}{\det(s-D_{\rho_+})}$$
$$= \frac{\prod_{k=1}^{d_-}(s-\beta_k)}{\prod_{j=1}^{d_+}(s-\alpha_j)}$$

である．

したがって，
$$\zeta_\rho(s) = \zeta_N(s)$$
が成立する．［左辺は $\pi_1(\mathbb{F}_1) = \mathbb{R}_{>0}$ の表現のゼータ関数と見るとわかりやすい．］

(2) $\mathrm{str}(\rho)$ が実数値のとき，$a_j, b_k \in \mathbb{R}$ によって
$$N(u) = \mathrm{str}(\rho(u))$$
$$= \sum_j \cos(a_j \log u) - \sum_k \cos(b_k \log u)$$
の形になる．したがって
$$N\left(\frac{1}{u}\right) = N(u)$$
が成立し，$N(u)$ は重さ 0 の絶対保型形式となる．［証明終］

これで，絶対数学原論の基盤に至ったことになります．

あとがき

　絶対数学原論はいかがでしたか．これは，最新の現代数学です．同時に，最深の現代数学でもあります．通常の数学が「天と地のあいだ」を見ているものとすると，絶対数学は「天と地と底のあいだ」を見るものです．読者は，通常の数学では扱われることのない，「一元体」という最深の「底」からすべてを眺めるという，視点の変換を楽しまれたことでしょう．一元体から見ることによって数学が簡単になるという様子も，実感して頂けたことと思います．

　『数学原論』について付記しておきましょう．数学が進むにつれて，数学事実の蓄積は次第に膨大なものになってきます．数学を未来につなぐためには，適当な時期に数学をわかりやすい視点からコンパクトにまとめる必要があります．数学史から見ると，最初の『数学原論』（あるいは『原論』）は紀元前300年頃にユークリッドが書いたもので13巻からなっています．

　その後は，『数学原論』と呼ばれるものは出版されずに2000年以上が過ぎ去りました．20世紀に入ると，ブルバキ『数学原論』が1930年代からはじまり，1960年代にはグロタンディーク『代数幾何学原論（EGA）』が出版されました．ブルバキはフランスの数学者集団の名称ですが，現代的で系統的な数学教科書のシリーズを目指しました．現在でも数学の教科書として使われています．グロタンディークはブルバキの一員でもありましたが，代数幾何をスキーム論によって革新して合同ゼータ関数のリーマン予想を証明することを目標にしていました．『代数幾何原論』はユークリッド『数学原論』にならった全13巻（あるいは，全13章）の予定でした．その最終巻にて，合同ゼータ関数のリーマン予想が証明されることになっていましたが，種々の事情で，第4巻までしか出版されませんでした．合同ゼータ関数のリーマン予想の証明は，グロタンディークの学生のドリーニュが1974年に完成しました．

　21世紀の現代数学にも『数学原論』が必要な時期が来ているようで

す．本書では絶対数学の視点からの『数学原論』を簡単にまとめてみました．

本書の内容は，『現代数学』2015年4月号～2016年3月号の連載「絶対数学原論」に基づいています．編集長の富田淳さんには，連載においても単行本化の際にも，大変お世話になりました．深く感謝申し上げます．

最後に，家族の栄子，陽子，素明への感謝を記します．

　　　　　　　2016年7月20日　リーマン歿後150年の命日に

　　　　　　　　　　　　　　　　　　　　　　　　　黒川信重

索　引

あ行

アイゼンシュタイン級数　93
アダムス操作　184
アルキメデス　10
アルキメデス『方法』　10
アレクサンドリア図書館　10
暗号　109, 113
井草型のゼータ関数　58
井草準一　58
一元体　15
ヴェイユ　27
エスターマン　163
オイラー　17
オイラー積　5, 159
オイラー積の超収束　11
オイラーの極限公式　92
オイラー・ポアンカレ標数　70

か行

仮想表現　187
ガロア　15
ガロア体　15
ガロア表現　165
ガロア表現のゼータ関数　163
ガンマ関数　94
黒川テンソル積　12, 29
クロトン　118
クロネッカーの極限公式　92
グラスマン多様体　65
グラフのゼータ関数　164
グロタンディーク　8
グロタンディーク『代数幾何学原論』
　9
係数変換　99
圏　33

弦理論　3
公開鍵暗号　114
個数関数　46
コホモロジー　28
コルンブルム　18, 163
合同ゼータ関数　6, 163

さ行

佐武パラメーター　165
算術級数素数定理　26
算術級数素数多項式定理　26
三大原論　11
自然境界　59, 163
深リーマン予想　11
次元公式　79
乗法的関数　59
スキーム　165
ストリング理論　3
セルバーグ　9
セルバーグゼータ関数　6, 164
ゼータ関数　5
絶対オイラー積　171
絶対極限公式　96
絶対行列　83
絶対合同代数　111
絶対次元公式　81
絶対自己同型　109
絶対自己同型群　109
絶対数学　1
絶対線形写像　82
絶対ゼータ関数　13, 46
絶対体　45
絶対代数　34, 109　絶対保型形式　182
絶対導分　125, 135
絶対ベクトル　83

194

絶対保型形式　180
絶対ラングランズ対応　175, 190
双対　183
素多項式　20

た行

多項式代数　54
多重ガンマ関数　150
多重三角関数　150
多重フルビッツゼータ関数　150
谷山予想　6
単位元　68
単圏　33
代数多様体　165
中心オイラー積　11
超ラングランズ予想　5
テイラー展開　94
テンソル積構造　12
天と地と底の間の数学　1
ディリクレL関数　163
デデキント・イータ関数　93
デデキントゼータ関数　163
デモクリトス　10
導分　125
導分核　133
ドリーニュ　8

は行

花束　172
花束のゼータ関数　172
バーンズ　150
ハッセ　27, 163
ハッセゼータ関数　163
ピタゴラス学派　10, 118
ピタゴラス素数列　118
非線形導分　136
フェルマー予想　6
フライ　6

フルビッツゼータ関数　94
フロベニウス元　165
フロベニウス作用素　17
ブーケ　172
ブルバキ『数学原論』　9, 11
ベン図　79
保型形式のゼータ関数　163

ま行

メビウス関数　23
モジュラー群　176w
モノイド　33

や行

ユークリッド『原論』　9, 10, 118
ユークリッド素数列　118
有限アーベル群の位数の平均値　107
有限体　13, 15
4つのゼータ関数の統一理論　7

ら行

ライプニッツ則　126
ラマヌジャン　163, 175
ラマヌジャン・デルタ関数　93
ラマヌジャン予想　176
ラングランズ　163
ラングランズ予想　5, 176
リーマンの明示公式　144
リーマン予想　2
量子アニーリング　118
量子コンピュータ　117
レルヒの極限公式　93
レルヒの公式　96
ローラン展開　95
ローラン代数　48

著者紹介：

黒川信重（くろかわ・のぶしげ）

1952 年生まれ

1975 年東京工業大学理学部数学科卒業

現 在　東京工業大学理学院教授
　　　　理学博士．専門は数論，ゼータ関数論，絶対数学

主な著書

『数学の夢 素数からのひろがり』岩波書店，1998 年

『オイラー，リーマン，ラマヌジャン 時空を超えた数学者の接点』岩波書店，2006 年

『オイラー探検　無限大の滝と 12 連峰』シュプリンガー・ジャパン，2007 年；丸善出版，2012 年

『リーマン予想の 150 年』岩波書店，2009 年

『リーマン予想の探求　ABC から Z まで』技術評論社，2012 年

『リーマン予想の先へ　深リーマン予想—DRH』東京図書，2013 年

『現代三角関数論』岩波書店，2013 年

『リーマン予想を解こう 新ゼータと因数分解からのアプローチ』技術評論社，2014 年

『ゼータの冒険と進化』現代数学社，2014 年

『ガロア理論と表現論　ゼータ関数への出発』日本評論社，2014 年

『大数学者の数学・ラマヌジャン／ζ の衝撃』現代数学社，2015 年

『絶対ゼータ関数論』岩波書店，2016 年

『ラマヌジャン《ゼータ関数論文集》』日本評論社，2016 年

ほか多数．

絶対数学原論

	2016 年 8 月 25 日　　　初版 1 刷発行
検印省略	著　者　　黒川信重 発行者　　富田　淳 発行所　　株式会社　現代数学社 〒 606-8425 京都市左京区鹿ヶ谷西寺ノ前町 1 TEL 075 (751) 0727　FAX 075 (744) 0906 http://www.gensu.co.jp/
ⓒ Nobushige Kurokawa, 2016　Printed in Japan	印刷・製本　　株式会社　亜細亜印刷 装　丁　Espace／espace3@me.com
ISBN 978-4-7687-0456-1	落丁・乱丁はお取替え致します.